Edson Gonçalves

MANUAL BÁSICO PARA INSPETOR DE MANUTENÇÃO INDUSTRIAL

Manual Básico para Inspetor de Manutenção Industrial

Copyright© Editora Ciência Moderna Ltda., 2012

Todos os direitos para a língua portuguesa reservados pela EDITORA CIÊNCIA MODERNA LTDA.

De acordo com a Lei 9.610, de 19/2/1998, nenhuma parte deste livro poderá ser reproduzida, transmitida e gravada, por qualquer meio eletrônico, mecânico, por fotocópia e outros, sem a prévia autorização, por escrito, da Editora.

Editor: Paulo André P. Marques
Produção Editorial: Aline Vieira Marques
Assistente Editorial: Amanda Lima da Costa
Copidesque: Kelly Cristina da Silva
Capa: Daniel Jara
Diagramação: Lúcia Quaresma

Várias **Marcas Registradas** aparecem no decorrer deste livro. Mais do que simplesmente listar esses nomes e informar quem possui seus direitos de exploração, ou ainda imprimir os logotipos das mesmas, o editor declara estar utilizando tais nomes apenas para fins editoriais, em benefício exclusivo do dono da Marca Registrada, sem intenção de infringir as regras de sua utilização. Qualquer semelhança em nomes próprios e acontecimentos será mera coincidência.

FICHA CATALOGRÁFICA

GONÇALVES, Edson.

Manual Básico para Inspetor de Manutenção Industrial

Rio de Janeiro: Editora Ciência Moderna Ltda., 2012.

1. Engenharia 2. Engenharia Mecânica 3. Engenharia Industrial
I — Título

ISBN: 978-85-399-0297-2

CDD 620
620.1
621.7

Editora Ciência Moderna Ltda.
R. Alice Figueiredo, 46 – Riachuelo
Rio de Janeiro, RJ – Brasil   CEP: 20.950-150
Tel: (21) 2201-6662/ Fax: (21) 2201-6896
E-MAIL: LCM@LCM.COM.BR
WWW.LCM.COM.BR

08/12

Nossa Realidade

"Eu acredito que não existam heróis.

A gente pode até ter pessoas realmente espetaculares; por exemplo, figuras espiritualizadas, religiosas, que são grandes modelos para a humanidade, mas na verdade todo mundo é igual.

Eu não acredito que eu tenha uma verdade a mais.
E principalmente a juventude.

Se a juventude cair nesse erro de acreditar que sim, ela inevitavelmente vai acabar descobrindo que seu ídolo tem pés de barro.

Pois:

"Seus heróis morreram de overdose e seus inimigos estão no poder."

Renato Russo / Cazuza

AGRADECIMENTOS

Agradeço veementemente à minha esposa Neide e às minhas filhas Sabrina e Emanuelle, que abriram mão de inúmeros momentos de lazer e de convívio familiar para que fosse possível concretizar esta obra, bem como o apoio e incentivo concedidos.

Agradeço tambem ao Sr. Otil Gonçalves Neto (in memoriam), um homem semianalfabeto, sem cultura, mas que me ensinou todos os valores da vida, me ensinou a necessidade que um ser humano tem de batalhar pelos seus sonhos, me ensinou a traçar meus objetivos, a valorizar o próximo.

Um homem que me mostrou que não temos limite nesta vida, que podemos realizar tudo o que quisermos, e que estas realizações somente fazem sentido se for de coração e com muita dedicação e trabalho, que batalhar pelos nossos sonhos é o verdadeiro sentido da vida.

Este homem que tenho o imenso orgulho de chamar de "MEU PAI".

DEDICATÓRIA

Dedico esta obra a todos os meus familiares, sem exclusão de nenhum grau de parentesco, pois cada um deles tem um papel importante na minha vida.

A cada um dos meus professores e instrutores que me alfabetizaram e me direcionaram ao aprendizado formal, técnico e moral.

A cada um dos meus amigos de infância, adolescência e vida adulta, que conviveram comigo em todos os momentos de alegria e tristeza.

Dedico tambem esta obra a todos os colegas de trabalho que conviveram comigo ao longo de toda a minha vida profissional. Àqueles que me ensinaram as atividades do dia a dia, àqueles que aprenderam comigo no dia a dia. E principalmente àqueles que discordaram de algumas de minhas opiniões e decisões, discordâncias estas que serviram de diálogos e discussões e originaram novos estudos até que encontrássemos uma definição comum e definíssemos conceitos favoráveis a todos.

Reservo-me o direito de não citar nenhum nome para que eu tenha a consciência tranquila por não ter me esquecido de mencionar nenhuma das pessoas que fizeram parte da minha história até os dias de hoje.

REFLEXÃO

"Se somos um peixe maior do que o tanque em que fomos criados, em vez de nos adaptarmos a ele, deveríamos buscar o oceano."

Paulo Coelho

PREFÁCIO

Dentro destes meus 15 anos de experiência com inspeção de manutenção industrial, juntamente com o constante convívio com diversos profissionais do mesmo ramo entre diversas empresas aliadas e concorrentes no país, não consegui constatar a existência de literaturas técnicas voltadas para a atuação prática das atividades de inspeção de manutenção industrial.

Todas as literaturas encontradas eram destinadas às sistemáticas e princípios de gestão da manutenção ou informações superficiais de fabricantes dos elementos de máquinas, as quais não facilitavam muito o entendimento destes profissionais a fim de realizarem uma inspeção detalhada e eficiente.

A ideia da elaboração deste manual é reunir informações sobre os distintos elementos de máquinas e aplicar sobre cada um deles a prática da inspeção sensitiva, identificando os pontos e direcionando os técnicos para as variáveis que deverão ser observadas e analisadas durante a avaliação dos componentes.

Todas as informações reunidas são pertinentes a manuais dos fornecedores e ajustadas com as práticas e técnicas desenvolvidas ao longo de toda uma vida profissional.

Lembrando que nas escolas técnicas não existe nenhuma matéria destinada à aplicação de técnicas de inspeção sensitiva, onde todos os desenvolvimentos e aprendizados surgem única e exclusivamente das experiências vivenciadas pelos respectivos técnicos, a qual depende do poder de assimilação de cada profissional para que possa entender e aplicar as informações recebidas nas práticas do dia a dia.

Este trabalho foi elaborado com o intuito de facilitar o entendimento da aplicação da técnica pelos profissionais que se propõem a realizarem esta função primordial na subsistência da manutenção industrial.

APRESENTAÇÃO

Honra-me apresentar esta obra, pois é acreditando na grande necessidade da literatura técnica brasileira e no potencial existente em nossos profissionais, tal como o Sr. Edson Gonçalves (com quem tive o privilégio de trabalhar e juntos desenvolvermos vários projetos, desde pequenos sistemas funcionais à montagem, comissionamento e aperfeiçoamento de linhas de produção), que aceitei o convite (privilégio) de expressar aqui algumas palavras no que diz respeito ao profissionalismo, coragem, sacrifício e competência do autor em dedicar e partilhar parte de sua vida com toda a sociedade técnica atual e futura.

Vivemos em um mundo de intensas e radicais mudanças, onde as necessidades são gigantescas, mas com um processo de atendimento ainda lento. Isso se dá pelo fato de ainda existir a retenção de conhecimentos e práticas de muitos profissionais, mas é necessário entender que hoje vivemos em um "mundo plano", onde a informação é disponibilizada para todos simultaneamente, tendo como obstáculos algumas mentes que ainda praticam o egocentrismo de reter algo que possa inovar as práticas atuais, o que nos coloca algumas posições atrás de países de menor potencial, fazendo-nos vítimas de mentes retrógradas.

A sabedoria está em conhecer seu próprio potencial, sabendo assim qual o seu limite e como promover a evolução do mesmo, pois o fato de se autoconhecer faz de você detentor de 50% das probabilidades de sucesso. Através deste conhecimento o autor expressa nesta obra que a história da manutenção acompanha o desenvolvimento técnico-industrial da humanidade, a qual no início tinha importância secundária e era executada pelo mesmo efetivo da operação ou produção (sem foco ou gerenciamento adequado).

Porém, o aumento da produção fomentou a necessidade de criar equipes específicas que pudessem realizar os reparos no menor tempo possível e não apenas corrigir as falhas provenientes das respectivas quebras dos componentes dos equipamentos, mas romper fronteiras existentes neste setor. Desta forma, passou-se a desenvolver alguns mínimos critérios de predição ou previsão de falhas e quebras, associados a métodos de planejamento e controle da manutenção para seu respectivo gerenciamento.

Com o passar dos anos, a necessidade de aprimoramento contínuo da qualidade dos produtos e serviços exigida pela globalização e o aumento da competitividade dos mercados fizeram com que as atividades de manutenção passassem a ser abordadas como estratégicas, deixando de ser visualizadas como gastos (um mal necessário) e passando a ser vistas como um grande investimento das organizações, promovendo a entrada do termo custo/benefício no dicionário técnico da alta direção.

Ao passo destas evoluções, diversas formas de manutenção foram criadas e incorporadas às sistemáticas de manutenção.

Esta obra descreve detalhadamente parte de uma destas formas de manutenção, a qual apresenta excelentes resultados quando aplicada e gerenciada corretamente.

Você verá um módulo da Manutenção Preditiva, que trata da atuação realizada com base na modificação de parâmetros da condição ou desempenho do componente ou equipamento, cujo acompanhamento obedece a uma sistemática previamente desenvolvida, que pode ser comparada a uma inspeção de acompanhamento das condições de operação de um determinado componente e ou equipamento.

Este tipo de sistemática também é conhecido como manutenção sob condição ou manutenção com base no estado do equipamento; quando é necessária uma intervenção no equipamento, realiza-se uma manutenção corretiva planejada.

O termo associado a este tipo de manutenção é o predizer (prevenir) as falhas nos equipamentos ou sistemas, através do acompanhamento, monitoramento e análises de alguns parâmetros pré-estabelecidos de acordo com as características técnicas de cada componente ou elemento de máquina, permitindo a operação contínua pelo maior tempo possível, ou seja, privilegiando a disponibilidade à medida que não promove intervenções nos equipamentos em operação.

Quando o grau de degradação do equipamento ou componente se aproxima ou atinge o limite previamente estabelecido, é tomada a decisão de intervenção, o que permite uma preparação prévia da execução da atividade, além de outras decisões alternativas relacionadas com a produção. Assim, a intervenção só é decidida quando os parâmetros, condições e análises acompanhadas indicarem sua real necessidade, ao contrário de outras formas de manutenção que, baseadas em outros conceitos, pressupõem a retirada do equipamento de operação.

Tenho certeza de esta obra cumprirá o seu papel de auxiliar a todos os profissionais dedicados à manutenção e seus segmentos, assim como a editora Ciência Moderna cumpre sua missão de disseminar o conhecimento técnico-científico e de promover aperfeiçoamento e ampliação do conhecimento a um país em constante desenvolvimento humano e tecnológico.

Elias Gonçalves

Gestor de Produção, Manutenção, Qualidade, Segurança, Meio Ambiente e Marketing

SOBRE O AUTOR

Edson Gonçalves, 37 anos, nascido na cidade de Coronel Fabriciano, em Minas Gerais, filho de Otil Gonçalves Neto e Maria Vieira Gonçalves, é o quinto filho de uma família de sete irmãos, casado desde o ano 2000 com Neide Oliveira Gonçalves Guerra, pai de 2 filhas, Sabrina e Emanuelle, está sempre presente e não abre mão do convívio familiar, onde encontra tranquilidade e equilíbrio, para equalizar as pressões do trabalho, e o aconchego da vida em família.

Filho de família de classe baixa, os pais sem formação escolar, estudou em escolas públicas e sempre obteve médias significativas, motivo de nunca ter sido reprovado.

Teve uma infância feliz com muita agitação e liberdade para realizar todas as peripécias de uma criança em fase de crescimento. Em seus sonhos de criança, começou pelo futebol, mas as tentativas de se profissionalizar no mundo mágico do esporte não foram muito bem-sucedidas com relação ao lado financeiro, porém educacional e culturalmente pôde ser orientado de forma correta, o que o manteve longe da bebida e das drogas ilícitas, prática cultivada até os dias de hoje.

Técnico em Mecânica formado no ano de 1992 na Escola Técnica Vale do Aço, iniciou por diversas vezes o curso superior sem muito sucesso devido à dedicação às funções do trabalho. Com diversos cursos de aperfeiçoamento, alguns deles feitos no exterior, iniciou sua carreira profissional como estagiário de uma cimenteira na cidade de Santana do paraíso, em Minas Gerais.

Após a conclusão do período de estágio, foi mecânico de manutenção de algumas empresas prestadoras de serviços (Ebec e Sankyu) nas dependências de uma usina siderúrgica em Ipatinga, Minas Gerais, onde foi efetivado como Inspetor de Manutenção pela Usiminas (Usinas Siderúrgicas de Minas Gerais). Exerceu a função durante alguns anos, até sua transferência para a concorrente CSN (Companhia Siderúrgica Nacional) na cidade de Araucária, no Paraná.

Cumpriu mais um ciclo durante alguns anos, também exercendo a função de supervisão de manutenção e inspeção, quando pode desenvolver diversas habilidades técnicas que lhe deram a condição de evoluir em suas práticas e conhecimentos voltados para a inspeção de manutenção industrial.

Atualmente, continua exercendo as funções de supervisão de inspeção e manutenção em uma empresa do ramo Petroquímico (Arauco do Brasil), onde trabalha em prol do desenvolvimento de novas técnicas de inspeção sensitiva, voltadas para a evolução da manutenção industrial, procurando sempre cumprir suas metas e atender todas as expectativas da manutenção local.

VIDA PROFISSIONAL

Técnica em Mecânica, com diversos cursos de aperfeiçoamento, alguns feitos no exterior, com sólida atuação em empresas e indústrias de grande porte, desenvolvendo atividades na área da manutenção e produção.

Área de atuação: Técnica - Manutenção - Produção - Engenharia

❑ ESCOLARIDADE

- Técnico - Técnico em Mecânica - Escola Técnica Vale do Aço - MG - 1992
  - Superior - Gestão da Produção Industrial - Fatec - Curitiba – Cursando

❑ EXPERIÊNCIAS INTERNACIONAIS

- Processo de Funcionamento Siderúrgico Pré–Pintado - Ministrado pela Pré Coat, em Saint Louis, Estados Unidos, em 2003, com duração de 60 dias.

  - Tratamento Químico e Aplicação - Ministrado pela Henkel, em Chicago, Estados Unidos, em 2003, com duração de 15 dias.

- Especialização e Tecnologia de Cabos de Aço - Ministrado pela IPH, em Buenos Aires, Argentina – Instrutor Roland Ferret, em 2008, com duração de 15 dias.

❏ EXPERIÊNCIAS PROFISSIONAIS

Empresa	Cargo	Período
Cimento Caue S.A	Técnico em Mecânica	1 ano
Sankyu S.A	Mecânico Ajustador	1 ano
Carvalho Mont. Ind.	Mecânico Ajustador	1 ano
Usiminas – Usinas Sid. MG	Supervisor de Inspeção	5 anos
CSN – Comp. Sid. Nacional	Supervisor de Manutenção	9 anos
Arauco do Brasil	Supervisor de Manutenção	Atual

❏ DESCRIÇÃO DAS PRINCIPAIS ATIVIDADES DESEMPENHADAS

- Participação nos projetos de implementação de novas unidades de produção.

- Gerenciamento das equipes de montagem, alinhamento, ajustes, lubrificação e testes do start-up das linhas de produção de laminação a frio.

- Desenvolvimento e aplicação de novas sistemáticas de manutenção das unidades de produção, otimização de recursos, diminuição das necessidades de intervenção e consequentemente redução de custos de mão de obra e materiais sobressalentes na proporção de 12% ao ano.

- Desenvolvimento e reformulação de todo o sistema hidroestático de lubrificação e refrigeração dos mancais e rolamentos dos cilindros de laminação, aumentando sua vida útil em aproximadamente 60%.

- Redimensionamento de componentes e equipamentos, aumentando o volume de produção em 15%, garantindo sua disponibilidade e confiabilidade.

- Participação do grupo de voluntários, desenvolvendo dentro da empresa a cultura de segurança com o objetivo de atingir o índice zero de acidentes.

- Coordenação e supervisão da equipe de inspeção técnica para avaliação das condições de funcionamento dos equipamentos.

- Coordenação e supervisão da elaboração de programação das atividades para encaminhamento dos equipamentos para manutenções, preventivas, preditivas e corretivas.

- Desenvolvimento e implantação de condições de manutenibilidade dos equipamentos.

- Implantação do Programa de Vazamentos Zero.

- Elaboração de treinamentos para os colaboradores recém-admitidos.

- Supervisão e acompanhamento das atividades de caldeiraria.

- Supervisão e acompanhamento das atividades de usinagem e retífica.

- Implementação do sistema de gerenciamento de manutenção.

- Elaboração de procedimentos de manutenção.

- Elaboração de sistemáticas de planos de manutenção, inspeção e lubrificação.

- Especificação técnica dos componentes e elementos de máquinas dos equipamentos.

- Implantação da sistemática TPM, RCM e MOC.

- Aplicação de brainstorm e benchmarking.

- Implementação e aplicação dos métodos de avaliação e análise de falhas.

- Elaboração de orçamento anual.

- Implantação de gestão de manutenção à vista.
- Elaboração de visão, missão e objetivos da manutenção.
- Desenvolvimento de sistemática de manutenção em função de normas técnicas para equipamentos dedicados.
- Gerenciamento de contratos de terceiros.
- Desenvolvimento e avaliação de novos fornecedores e prestadores de serviços.
- Elaboração de indicadores da manutenção.
- Contatos com fornecedores para desenvolvimento de sobressalentes e/ou readequação de equipamentos e componentes.
- Visitas técnicas a fornecedores e fabricantes para avaliação e inspeção dos equipamentos.
- Acompanhamento e supervisão das execuções das atividades programadas e emergenciais.
- Desenvolvimento de manuais descritivos técnicos para equalizar as informações junto aos fornecedores, analisando as normas cabíveis para cada aplicação.

❏ HABILIDADES PESSOAIS

- Tranquilidade, curiosidade, atenção.
- Facilidade de relacionamento interpessoal.
- Busca por aprendizado, desenvolvimento e resultados.
- Disciplina, liderança situacional.

❏ CURSOS DE APERFEIÇOAMENTOS

- Inspetor de Soldagem Nível 1, Inspetor de LP.
- Desenho Mecânico, Metrologia, Alinhamento de Máquinas, Maçarico de Corte.

- Hidráulica, Esquemas Hidráulicos, Sistemas de Gerenciamento de Manutenção.
- Solda, Freios, Vedações, Filtros, Lubrificantes e Lubrificação Classe Mundial.
- Roscas, Cabos de Aço, Correias, Bombas, Correntes.
- Manutenção Preditiva, Controle de Custos, PCOM, Sistema de Gestão Ambiental.
- Especificações de Válvulas, Rolamentos, Mancais de Rolamentos.
- Controle de Vapor e Ar Comprimido, Pneumática, Redutoras.
- Inspetor de Equipamentos, RCM, MOC, Controle de Qualidade Total.
- Chefia e Liderança, Garantindo a Primeira Impressão.
- Assertividade e Desinibição, A Arte de Falar em Público.
- Liderança em Âmbito Ocupacional, Técnicas de Abordagem, Técnicas de Linguagem Corporal.
- NR 11, NR 13, NR 18, NR 33.
- Manutenção Classe Mundial
- MS Project

OBS.: Condecorado pela Usiminas como Operário Destaque de Qualidade em virtude do comprometimento, esforços e resultados obtidos em busca da qualidade total.

NOTA DO AUTOR

Alguns dos equipamentos mais usuais dentro de uma indústria de pequeno, médio ou grande porte foram citados além de serem discriminadas algumas das condições de avaliação mais comumente utilizadas para detecção de falhas ou defeitos ocultos e aparentes.

Todos os relatos mencionados na discriminação de cada equipamento foram vividos durante uma vida profissional de aproximadamente 15 anos como inspetor de manutenção industrial.

A cada fato vivenciado em relação a um equipamento, componente ou elemento de máquina, foi feita minuciosa avaliação e relatado neste manual para que outros profissionais tenham a oportunidade de constatar sua veracidade, caso já tenham vivenciado situações semelhantes.

As práticas de manutenção por inspeção sensitiva, em que se utilizam os sentidos para a avaliação das condições e comportamentos dos equipamentos e elementos de máquinas, são desenvolvidas ao longo do tempo de convívio com os equipamentos e a observação detalhada de cada componente dá ao profissional da área uma familiaridade com tais comportamentos. Desta maneira, qualquer indício de anormalidade pode ser facilmente detectado e todas as falhas podem ser eliminadas antes mesmo de o defeito se propagar e vir à tona.

É bom lembrar que o inspetor de manutenção, jamais deve ignorar as informações técnicas dos fabricantes referentes a qualquer defeito encontrado em um equipamento na inspeção, pois as informações dos fabricantes sempre complementam o diagnóstico do inspetor quando ele se depara com falhas ou defeitos ocultos.

O que por vezes acontece, nas possíveis divergências das informações dos fabricantes com as falhas ou defeitos detectados in loco sobre o comportamento dos equipamentos, é que as condições de aplicação, operação ateou mesmo climáticas podem ocasionar alguma condição em que o comportamento do equipamento pode ser diferente do projetado.

Durante todos estes anos convivendo com os equipamentos, observando seus comportamentos e comparando as informações, foi possível desenvolver alguma habilidade para detectar falhas ou defeitos ocultos dos componentes através dos sentidos. Todo profissional que se propuser a adquirir tais conhecimentos e habilidades não deve se basear apenas neste manual e sim procurar aproximar-se dos equipamentos, componentes e elementos de máquinas, conhecer seus costumes e manias, observar, estudar informações adjacentes e registrar todas e quaisquer anormalidades.

Uma vez que o inspetor de manutenção consegue aprimorar seus sentidos e perceber as supostas alterações de comportamento dos equipamentos e componentes, ele pode dominar a técnica e a cada dia aprimorar tais habilidades.

É bom que fique claro que esta forma de manutenção (inspeção sensitiva) não elimina as falhas, apenas as detecta. O profissional direcionado para realização destas atividades deve ser bem disciplinado, curioso e estar em constante envolvimento com os equipamentos, além de seguir as orientações informadas no capítulo 6, pois as atribuições do inspetor de manutenção industrial abrangem um imenso universo de atividades que devem ser seguidas e realizadas em toda a sua plenitude. Desta forma, as informações referentes ao comportamento dos equipamentos fluem e seguem o fluxo correto das programações e realizações das atividades, com o intuito de eliminar as falhas ou defeitos.

A informação que sempre tem que esta à frente de qualquer situação é que todo desempenho e sucesso da atividade de inspeção sensitiva depende exclusivamente da determinação e comprometimento do profissional que a está executando.

SUMÁRIO

1. INTRODUÇÃO 1

2. EVOLUÇÃO 3

3. CONCEITOS 5

3.1. Inspetor de Manutenção Industrial 5

3.2. Manutenção por Inspeção 5

3.3. Efeito Multiplicador de Defeitos 5

3.4. Falha 6

3.5. Defeito 6

3.6. Inspeção de Ronda 6

3.7. Roteiro de Ronda 7

3.8. Sentidos 7

3.9. Período 8

3.10. Configuração de Ronda 8

3.11. Regime 9

3.12. Variável de Controle 9

3.13. Balanceamento 9

4. PROGRAMA DE INSPEÇÃO   11

4.1. DESCRIÇÃO DO EQUIPAMENTO 11

4.2. FREQUÊNCIA DAS INSPEÇÕES 11

4.3. ITENS A INSPECIONAR 12

5. 5. SEGURANÇA   15

6. FUNÇÕES DO INSPETOR DE MANUTENÇÃO INDUSTRIAL   19

7. INSPEÇÕES E ANÁLISES TÉCNICAS DOS COMPONENTES E EQUIPAMENTOS   23

7.1. CABOS DE AÇO E POLIAS 23

    7.1.1. Conceito 23

    7.1.2. Componentes do Cabo de Aço 24

    7.1.3. Polias e Tambores para Cabos 25

    7.1.4. Inspeção e Manutenção dos Cabos de Aço 27

    7.1.6. Critérios de Substituição 28

    7.1.7. Como trabalhar com o Cabo de Aço 35

    7.1.7. Recomendação 40

7.2. ROLAMENTOS E MANCAIS DE ROLAMENTOS 40

    7.2.1. Conceito 40

    7.2.2. Ouvir 41

    7.2.3. Sentir 42

    7.2.4. Olhar 43

    7.2.5. Efeitos e Causas 47

7.3. ACOPLAMENTOS 55

    7.3.1. Conceito 55

    7.3.2. Tipos de Acoplamentos 55

7.4. CORRENTES 60

    7.4.1. Conceito 60

7.5. EIXOS CARDANS 65

    7.5.1. Conceito 65

    7.5.2. Efeitos e Causas 68

7.6. CORREIAS 71

    7.6.1. Conceito 71

    7.6.2. Condição das Correias 72

    7.6.3. Temperatura das Correias 72

    7.6.4. Desgaste das Correias 73

    7.6.5. Vibração das Correias 73

    7.6.6. Tensão das Correias 74

    7.6.7. Efeitos e Causas 76

7.7. POLIAS 77

    7.7.1. Conceito 77

7.7.2.	Critérios para Inspeção	78

7.8. VEDAÇÕES ... 81

7.8.1. Conceito ... 81

7.8.2. Causas de Vazamentos ... 84

7.9. BUCHAS ... 86

7.9.1. Conceito ... 86

7.10. MANGUEIRAS ... 88

7.10.1. Conceito ... 88

7.11. FILTROS ... 92

7.11.1. Conceito ... 92

7.12. LÂMINAS ... 95

7.12.1. Conceito ... 95

7.13. ROLOS ... 97

7.13.1. Conceitos ... 97

7.14 FREIOS ... 102

7.14.1. Conceito ... 102

7.14.2. Tambor ou Disco ... 103

7.14.3. Sapatas e Pastilhas ... 105

7.14.4. Acionadores ... 107

7.15. ATUADORES HIDRÁULICOS E PNEUMÁTICOS ... 108

7.15.1. Conceitos ... 108

7.16. TROCADOR DE CALOR ... 111

7.16.1. Conceito ... 111

7.17. EXAUSTOR ... 117

7.17.1. Conceito ... 117

7.18.	**VÁLVULAS**	121
	7.18.1 Conceito	121
7.19.	**UNIDADES HIDRÁULICAS**	125
	7.19.1. Conceito	125
	7.19.2. Conceitos Básicos	126
	7.19.3. Sintomas e Causas	132
7.20.	**BOMBAS CENTRÍFUGAS**	137
	7.20.1. Conceito	137
	7.20.2. ConceitoSintomas e Causas	139
	7.20.3. Causas da Cavitação	142
	7.20.4. Exemplo de Defeito Provocado pela Cavitação	142
	7.20.5. Características de uma Bomba em Cavitação	142
7.21.	**BOMBAS HIDRÁULICAS**	143
	7.21.1. Conceito	143
	7.21.2. Sintomas e Causas	146
	7.21.3. Causas da Cavitação	149
7.22.	**REDUTORAS DE VELOCIDADE**	150
	7.22.1. Conceito	150
	7.22.1. Sintomas e Causas	155
7.23.	**COMPRESSORES**	156
	7.23.1. Conceitos	156

8.   FONTES DE INFORMAÇÕES   161

1. INTRODUÇÃO

Em todo este processo de controle para manter a produtividade sempre em dia, aumentando os lucros e diminuindo os custos consideravelmente, os gestores das fábricas de pequeno, médio e grande porte contam com profissionais especialistas em identificar possíveis avarias e falhas dos equipamentos e componentes, detectando o menor sinal de fogo.

É o inspetor de manutenção, o profissional responsável pelo controle, avaliação e fiscalização do processo de produção de toda a empresa. Sua principal função é coletar, avaliar e analisar os dados com a finalidade de prever toda e qualquer eventual falha em uma máquina, equipamento ou componente, planejando como e quando tal elemento de máquina será reparado ou substituído.

Para garantir o sucesso econômico mundial, o mercado produtivo brasileiro deve estar na mais perfeita harmonia com o setor industrial e com os processos produtivos. A partir disso, o que se observa é uma preocupação bem maior com todo o planejamento das pequenas, médias e grandes fábricas e indústrias, especialmente com a inclusão de programas e profissionais especializados em manutenção eficazes e capazes de detectar qualquer eventual problema nos equipamentos e componentes das máquinas, a fim de evitar paralisações e, sucessivamente, perdas de produção.

De acordo com os relatos de vários especialistas em manutenção preditiva, em que estudos sobre as falhas são realizados como forma de prever novas panes e contorná-las da melhor maneira possível, o inspetor de manutenção é essencial nas unidades industriais e quase sempre é formado em cursos técnicos.

Seu conhecimento é um aliado a mais das empresas para manter os processos produtivos alinhados e longe de qualquer tipo de impasse. Isso significa que um bom planejamento de manutenção e inspetores qualificados e bem treinados tecnicamente para exercer suas funções são armas capazes de fazer a diferença em qualquer manutenção, além de aumentar substancialmente a lucratividade da indústria.

Com sua formação em uma determinada modalidade e apesar de sua importância na sistemática de manutenção do mercado industrial, esta cada vez mais difícil encontrar um inspetor de manutenção qualificado no mercado de trabalho.

Para isso as empresas estão investindo cada vez mais em funcionários que já fazem parte da sua equipe de trabalho e algumas vezes chegam a custear os cursos de formação para eles como forma de contar com profissionais experientes e que já conhecem toda a cultura e filosofia da empresa, podendo contribuir ainda mais com conhecimento em outra área.

A inspeção visual é uma das técnicas de manutenção de maior simplicidade em sua realização e de menor custo operacional. Esta prática depende do poder de observação do inspetor de manutenção e da sua capacidade técnica em compreender o significado da avaria ou falha.

Por sua simplicidade, não há nenhum processo industrial em que ela não esteja presente, normalmente sendo utilizada na verificação das alterações dimensionais, desgastes, corrosões, deformações, alinhamentos, trincas, entre outras anormalidades.

2. EVOLUÇÃO

Desde a era mais remota de nossa civilização existe a necessidade de conservação e reparos de ferramentas e equipamentos.

Na idade antiga os homens necessitavam que suas ferramentas de caça e pesca estivessem em perfeito estado de utilização para garantirem sua sobrevivência, as presas não poderiam fugir porque talvez não tivessem uma segunda chance.

Porém, foi somente depois da invenção das primeiras máquinas, em séculos passados, que o homem percebeu a extrema necessidade da realização da manutenção em seus equipamentos e ferramentas.

Assim, com a necessidade de manter em bom funcionamento todo e qualquer equipamento, ferramenta ou dispositivo para uso no trabalho, em épocas de paz ou em combates militares nos tempos mais remotos de guerra, houve as consequentes evoluções das distintas formas de manutenção. Como em toda guerra sempre há avanços tecnológicos, mesmo se tratando de uma "guerra santa", os governos mais promissores investem em desenvolvimento tecnológico para avançar nas pesquisas e sair na frente de seus adversários.

Após a revolução industrial surgiram varias funções básicas nas empresas, dentre as quais destacam-se a função técnica, relacionada com a produção e com a conservação dos patrimônios das empresas, da qual a manutenção é parte primordial.

Nos tempos mais remotos a manutenção era uma atividade que deveria ser executada em sua totalidade, pela própria pessoa que operava o equipamento, sendo este o perfil Ideal, sem nenhuma habilidade ou técnica.

Porém, com o grande avanço da tecnologia, os equipamentos e componentes tornaram-se de alta precisão e complexidade, e com o crescimento da estrutura empresarial, foram introduzidas diversas sistemáticas. A função da manutenção foi gradativamente dividida e alocada em setores especializados, os quais passaram a destinar suas habilidades e conhecimentos apenas para garantir a produção com a manutenção do funcionamento das máquinas.

Como a evolução tecnológica não parou de se destacar no cenário mundial, foram instalados novos equipamentos e grandes inovações foram executadas para atender às solicitações de aumento de produção, assim o departamento operacional passou a dedicar-se somente à produção, não restando alternativa a não ser a criação do departamento de manutenção, que passaria a responsabilizar-se por todas estas funções destinadas aos reparos e disponibilização dos equipamentos para a produção.

Acredita-se que durante este período o resultado não foi totalmente satisfatório para as empresas, pelo menos não na proporção em que se desejava na época de sua criação.

Porém, como os avanços continuavam, foram desenvolvidos cada vez mais equipamentos sofisticados e de aceitação no mercado, o que era inevitável face às inovações tecnológicas, ao investimento em equipamentos e ao incremento da produção.

Porem, à medida que se passava para uma etapa de dificuldade do crescimento econômico, começava-se a exigir das empresas cada vez mais a competitividade e a redução de custos, aprofundando o reconhecimento de que um dos pontos decisivos seria a busca da utilização eficiente dos equipamentos existentes até o seu limite.

Para isso, na manutenção, tornou-se núcleo a atividade de prevenção da deterioração dos equipamentos e componentes, aumentando assim a necessidade da função básica de profissionais que não apenas corrigissem as respectivas falhas, mas também pudessem evitar que elas ocorressem.

Desta forma os profissionais técnicos de manutenção passaram a desenvolver o processo de prevenção de avarias e falhas por meio de análises e verificações frequentes, por meio de uma filosofia chamada manutenção preditiva sensitiva, a qual utilizava os cinco sentidos para detectar anormalidades no funcionamento dos equipamentos e componentes, que juntamente com a equipe de correção, completavam o quadro geral da manutenção, formando uma estrutura tão importante quanto a de operação. Assim, surgiu o profissional denominado Inspetor de Manutenção Industrial.

3.   CONCEITOS

Como toda e qualquer sistemática ou filosofia, na manutenção por inspeção sensitiva aplicam-se alguns termos que não são do conhecimento de todos os profissionais que atuam neste segmento.

A seguir serão descriminados alguns destes termos de forma clara e objetiva para que haja um perfeito entendimento dos profissionais que assim necessitarem entender toda a lógica e analogia de uma manutenção por inspeção sensitiva.

3.1.   INSPETOR DE MANUTENÇÃO INDUSTRIAL

É o profissional que tem a função de sentir, avaliar ou controlar as mudanças físicas das instalações, prevendo e antecipando falhas ou defeitos e tomando as medidas reparadoras apropriadas.

3.2.   MANUTENÇÃO POR INSPEÇÃO

Tem por função detectar anomalias através dos sentidos humanos, seguindo um procedimento operacional, antes que venham a tornar-se falhas.

3.3.   EFEITO MULTIPLICADOR DE DEFEITOS

É quando a causa dos defeitos se soma e cuja resultante tem um efeito muito maior do que o efeito de cada uma isoladamente. Não é exagero afirmar que muitas das falhas crônicas são devidas ao abandono (acúmulo e repetição) de defeitos. A inspeção de ronda procura externar os defeitos de modo sistemático, permitindo prevenir com antecedência a ocorrência de falhas. O tratamento que deve ser dado aos defeitos é o mesmo dado às falhas na identificação das causas. Por trás de um pequeno vazamento em um retentor pode até haver uma especificação inadequada de material.

3.4. FALHA

É o término da capacidade de um item de desempenhar sua função requerida.

Termos equivalentes utilizados:

❑ Quebra.

❑ Falha maior.

3.5. DEFEITO

É a imperfeição que não impede o funcionamento de um item, todavia, pode, a curto ou longo prazo, acarretar sua falha.

Termos equivalentes utilizados:

❑ Falha mínima.

❑ Indício de anormalidade.

❑ Falha incipiente.

❑ Falha menor.

3.6. INSPEÇÃO DE RONDA

Também conhecida como manutenção Preditiva Sensitiva.

É o ato de externar as falhas mínimas (defeitos) e prevenir com antecedência a ocorrência de falhas e quebras, utilizando basicamente os cinco sentidos, com o auxílio de alguns instrumentos, a fim de avaliar os equipamentos e instalações em busca de defeitos ou sintomas que indiquem uma degeneração oriunda de causas anormais e que permita antecipar a uma falha maior.

As inspeções de ronda são realizadas por pessoal treinado e experiente na avaliação (principalmente utilizando os cinco sentidos) das variáveis de controle envolvidas nas inspeções e atento com as anormalidades adjacentes, assegurando uma supervisão cotidiana do conjunto dos equipamentos, evitando, assim, o acúmulo de um grande número de falhas menores, que poderiam ter consequências mais graves com o passar do tempo.

As inspeções são realizadas em determinada sequência, de maneira que o inspetor percorra um caminho previamente estabelecido, chamado de roteiro.

As anormalidades identificadas durante a inspeção de ronda são registradas em um sistema ou banco de dados, permitindo o seu controle até que sejam planejadas as atividades que irão restabelecer, quando executadas, a condição normal do equipamento.

3.7. ROTEIRO DE RONDA

É o caminho previamente estabelecido entre os equipamentos e instalações de uma determinada área.

3.8. SENTIDOS

É o que nos propicia o relacionamento com o ambiente em que estamos. Através dos sentidos nosso corpo percebe o que está ao nosso redor, ajudando-nos a sobreviver e nos integrar com o ambiente em que vivemos.

É através dos sentidos que o inspetor de manutenção industrial consegue perceber e identificar quaisquer anormalidades nos equipamentos e componentes.

❏ Audição → Utilizada para avaliar qualquer ruído anormal que o equipamento ou componente possa apresentar.

❏ Visão → Utilizada para perceber qualquer irregularidade visual à qual o equipamento ou componente possa estar sendo submetido.

❏ Tato → Utilizado para sentir toda e qualquer anormalidade quanto ao comportamento do equipamento ou componente que seja diferente das condições normais de operação.

❏ Olfato → Utilizado para identificar qualquer odor diferente das condições normais de operação de qualquer equipamento ou componente.

❏ Paladar → É o sentido menos utilizado pelo inspetor de manutenção industrial, porém, em alguns casos é ele que nos auxilia na detecção de possíveis vazamentos onde se trabalha com produtos químicos ou gases impossíveis de serem vistos a olho nu – a exposição a estes produtos causam um sabor distinto, altamente percebido pelo paladar.

3.9. PERÍODO

É o intervalo determinado para a execução da repetição da inspeção em determinado ponto de um equipamento ou componente.

3.10. CONFIGURAÇÃO DE RONDA

É o segmento onde a área da manutenção agrupa as atividades de inspeção de ronda que têm um tratamento comum, tais como área geográfica, modalidade, condição de processo, entre outros.

3.11. REGIME

É o segmento pelo qual se permite classificar o tipo da intervenção de ronda, que pode ser:

- ❏ Inspeção com o equipamento parado, sem desmontagem, na qual a atividade final não é previamente planejada.
- ❏ Inspeção com o equipamento funcionando, em que a atividade final não seja previamente planejada.

3.12. VARIÁVEL DE CONTROLE

É o indicador pelo qual é avaliada a condição (estado) do elemento de máquina a ser inspecionado.

3.13. BALANCEAMENTO

É a distribuição de forma uniforme das diversas atividades nas listas que compõem o ciclo da configuração.

4. PROGRAMA DE INSPEÇÃO

Com base nos tipos de máquinas, equipamentos e componentes que estejam sendo utilizados e de acordo com as capacidades e finalidades de equipamentos especializados, elabora-se um programa de inspeção no sentido de identificar as possíveis irregularidades que impedem as máquinas de atender aos requisitos da produção, determinando, assim, um calendário de verificações periódicas e regulares, de acordo com a frequência de uso e volume de produção pré-estabelecido.

Existem várias formas de elaboração de um programa de inspeção, sendo a diferença entre eles única e exclusivamente a necessidade de cada segmento de obter seus resultados de acordo com o nível de qualidade que se pretende adquirir, de forma que o software desenvolvido para tal programa deve conter as variáveis que o cliente solicitar para suas respectivas necessidades.

Abaixo, seguem alguns itens básicos para a elaboração de um programa de inspeção para atender à necessidade do inspetor de manutenção industrial, de maneira que seu trabalho possa ser desempenhado com qualidade e segurança.

4.1. DESCRIÇÃO DO EQUIPAMENTO

A partir de informações constantes no manual do fabricante, abrem-se fichas individuais com dados técnicos das máquinas, equipamentos ou componentes.

4.2. FREQUÊNCIA DAS INSPEÇÕES

A frequência das inspeções pode ser determinada por diversos fatores:
- ❑ Grau ou profundidade da intervenção → deve-se levar em conta a experiência adquirida no passado, optando-se por executar a inspeção parcial ou total.

❑ Origem do equipamento → deve ser considerada a procedência do equipamento, se é de fabricação nacional ou importado, visto que o nacional permite maiores facilidades na obtenção de peças de reposição.

❑ Idade dos equipamentos → os equipamentos mais antigos estão mais sujeitos a falhas, face à fadiga e ao envelhecimento dos componentes.

❑ Condições de trabalho → existem equipamentos que não podem ficar parados ou devem obedecer ao horário de funcionamento pré-estabelecido pelo cliente.

4.3. ITENS A INSPECIONAR

De acordo com as informações do manual técnico do fabricante e pela experiência adquirida do profissional, procura-se estabelecer quais itens das máquinas, equipamentos ou componentes devem ser inspecionados.

Esta definição vai permitir o correto planejamento das atividades pertinentes às supostas anormalidades encontradas.

Abaixo, segue uma prévia de alguns dos itens que fazem parte de uma listagem de inspeções de determinadas máquinas, equipamentos ou componentes.

Exemplos típicos de atividades de inspeção de ronda:

a. Inspecionar vazamento.

b. Inspecionar aquecimento.

c. Inspecionar sujeira.

d. Inspecionar empeno.

e. Inspecionar deformação.

f. Inspecionar trinca.

g. Inspecionar ruído.

h. Inspecionar centelhamento.

i. Inspecionar desgaste.

j. Inspecionar folga.

k. Inspecionar vibração.

l. Inspecionar nível.

m. Inspecionar condição de funcionamento.

n. Inspecionar condição do aterramento.

o. Inspecionar condição da lubrificação.

p. Analisar o odor.

Entre outros.

5. SEGURANÇA

Para a verificação correta das condições de operação das máquinas, equipamentos ou componentes, na grande maioria dos casos é extremamente necessário que o inspetor de manutenção industrial se aproxime das máquinas em movimento, expondo-se a vários riscos potencialmente graves.

Como hoje uma das maiores metas das indústrias é o "Acidente Zero", devemos garantir a total segurança do inspetor de manutenção industrial, de forma que ele possa realizar todas as suas atividades com eficiência e segurança.

Uma das formas de eliminar os riscos aos quais os profissionais possam estar expostos é a aplicação da manutenibilidade dos equipamentos, o que permite acessos seguros e facilidade de realização das atividades, padronização, manobrabilidade, simplicidade de operação, visibilidade acessível, entre outras facilidades.

Porém, dentre todos os artifícios destinados a garantir a segurança dos profissionais, nenhum é mais eficiente do que a própria consciência e entendimento do profissional em reconhecer os riscos aos quais está exposto e a necessidade de desenvolver autoanálise das atividades que irá executar.

Seguem abaixo algumas recomendações básicas de segurança para que sejam melhoradas as práticas diante da realização das atividades, a fim de minimizar os riscos.

Recomendação de Segurança durante a elaboração da Análise de Risco da Tarefa:

1. Isolar e sinalizar bem o local.
2. Utilizar cinto de segurança preso com dois talabartes para trabalhos em altura.
3. Não permanecer sob carga suspensa.
4. Não arremessar materiais ou ferramentas.
5. Manter uma postura defensiva e correta.
6. Informar aos operadores sobre sua presença no local.

7. Inspecionar dispositivos e ferramentas a serem utilizados nas atividades.
8. Transitar com cuidado entre os equipamentos.
9. Ao subir ou descer escadas, fazer uso do corrimão.
10. Em caso de vazamentos de líquidos ou gases sair do local imediatamente..
11. Evitar ao máximo o improviso.
12. Manusear com muita atenção e cuidado as ferramentas e peças.
13. Atentar-se para os avisos específicos pertinentes a cada área.
14. Garantir que todas as fontes de energia perigosas foram desligadas e bloqueadas.
15. Inspecionar os andaimes e plataformas antes de neles subir.
16. Manter uma comunicação clara e eficiente.
17. Trabalhar com cautela próximo à equipamentos quentes.
18. Garantir que a tubulação esteja drenada e despressurizada.
19. Eliminar o residual de pressão da tubulação.
20. Garantir que o equipamento esteja bem preso antes de içá-lo.
21. Preparar linha de vida caso não haja ponto para prender o cinto de segurança.
22. Recolher materiais que se encontram espalhados pela área.
23. Atentar para as diferenças de níveis entre os equipamentos e estruturas.
24. Caminhar com cuidado e atenção em pisos e áreas úmidas.
25. Quando içar qualquer equipamento ou peça, somente colocar as mãos após a parada total e quando estiver próximo do local a ser instalado.
26. Não permanecer no raio de ação dos cabos e cintas quando içar equipamentos ou peças.
27. Utilizar máscaras para áreas onde se trabalha com gases.

28. Utilizar luvas de segurança (raspa ou nitrílica).
29. Utilizar óculos de segurança (normal ou ampla visão).
30. Utilizar capacete de segurança com jugular.
31. Utilizar perneira de segurança.
32. Demais orientações quanto a intempéries da natureza ou algum detalhe não citado nesta recomendação deverão ser acrescentados à analise de risco da tarefa (ART)..

"Nenhuma atividade é tão urgente ou serviço é tão importante que não possa ser realizado com segurança e proteção ao meio ambiente."

6. FUNÇÕES DO INSPETOR DE MANUTENÇÃO INDUSTRIAL

Como toda atividade de manutenção, o inspetor de manutenção industrial possui diversas atribuições durante seu dia a dia que complementam sua rotina e efetivam toda a sistemática de manutenção preditiva sensitiva.

Abaixo serão listadas algumas atividades básicas que são de responsabilidade do inspetor de manutenção industrial:

a. Participar da reunião diária da segurança (DDS).

b. Ler o relatório do plantão.

c. Imprimir a listagem de ronda.

d. Realizar a inspeção de ronda, avaliando o comportamento dos equipamentos, componentes e elementos de máquinas.

e. Conversar com os operadores, a fim de identificar alguma mudança no processo ou comportamento dos equipamentos.

f. Retornar com as informações encontradas para o sistema, detalhando as anormalidades encontradas.

g. Abrir solicitações de serviços pertinentes às irregularidades encontradas, mensurando tempo, mão de obra, material e outros dados técnicos.

h. Acompanhar a execução das atividades programadas conforme as irregularidades encontradas.

i. Solicitar material para substituição.

j. Solicitar envio de materiais para reparo quando necessário.

k. Realizar revisão da sistemática da inspeção de ronda, readaptando os períodos, regimes, variáveis etc.

l. Desenvolver e propor melhorias nos equipamentos.

m. Participar da reunião gerencial de segurança.

n. Participar das elaborações das análises de falhas.

o. Registrar as ocorrências de falhas no sistema.

p. Participar de treinamentos específicos e corporativos.

q. Realizar testes nos equipamentos após as intervenções.

r. Tirar dúvidas técnicas dos executantes das atividades de intervenção.

s. Avaliar e criticar as solicitações operacionais.

t. Estudar as particularidades dos equipamentos, componentes e elementos de máquinas.

u. Solicitar revisões dos desenhos técnicos e diagramas.

v. Ser multiplicador das culturas empregadas pela empresa.

w. Analisar laudos de terceiros (reparo e preditiva precisa).

x. Ser o link entre operação e execução da manutenção.

y. Ser o comunicador junto à operação sobre as condições atuais dos equipamentos.

z. Elaborar procedimentos de execução das atividades.

aa. Participar da elaboração das análises de riscos das atividades.

ab. Contribuir com informações para elaboração dos indicadores da manutenção.

Obs: Para que o inspetor de manutenção industrial possa seguir corretamente todas as suas atribuições, conforme citado acima, é de extrema necessidade que ele tenha à sua inteira disposição um banco de dados para armazenar as informações coletadas. Para isso existem softwares específicos de gerenciamento , ou pode-se utiliizar qualquer banco de dados que seja passível de consulta e emissão de relatórios.

Outra particularidade das funções do inspetor de manutenção industrial é a sua postura profissional, que deve ser mantida diante de todas as supostas avaliações e análises a que os equipamentos sejam submetidos. De acordo com a postura deste profissional, destacam-se as seguintes condições:

a. Atentar → o inspetor deve sempre estar atento a quaisquer condições adversas que por ventura venha. a ocorrer no comportamento do equipamento.

b. Desconfiar → o inspetor deve sempre desconfiar de comportamentos intermitentes dos equipamentos a fim de perceber as possíveis falhas ocultas dos componentes e elementos de máquinas.

c. Duvidar → o inspetor deve sempre duvidar das informações recebidas referentes ao comportamento dos equipamentos, principalmente no que diz respeito a falhas que desapareceram sem nenhuma intervenção.

d. Ter atitude → o inspetor deve sempre tomar alguma atitude rápida sempre que detectar alguma anormalidade ou irregularidade no comportamento dos equipamentos e componentes.

e. Conferir → o inspetor deve sempre conferir novamente o diagnóstico definido para a detecção de toda e qualquer anormalidade, bem como os valores de ajustes dos componentes e elementos de máquinas dos equipamentos.

f. Obedecer → o inspetor deve obedecer a todas as normas, diretrizes, códigos de ética e procedimentos da empresa destinados a segurança, meio ambiente, comportamento, postura e relacionamentos.

g. Observar → o inspetor deve sempre observar o comportamento dos equipamentos e componentes com o intuito de identificar alguma incoerência na sua condição ideal de operação, não se limitando a uma única vistoria durante a realização da lista de ronda.

h. Conhecer → o inspetor deve conhecer o principio de funcionamento dos equipamentos para que possa ter condições de identificar quaisquer irregularidades durante seu funcionamento.

i. Entender → o inspetor deve entender todo o processo operacional para que possa ter condições de avaliar possíveis falhas e definir se as mesmas são falhas de manutenção ou pertinentes às falhas de operação.

j. Relatar → o inspetor deve relatar a seus superiores e colaboradores operacionais as condições atuais dos equipamentos, a fim de que, ao conhecer tais condições, possa ser tomada alguma decisão que requeira uma escala hierárquica superior e/ou para que os operadores possam redobras suas atenções diante de alguma condição insegura.

k. Evitar → o inspetor deve evitar que o equipamento continue operando em condições precárias que possam colocar em risco a segurança dos operadores e o meio ambiente.

l. Impedir → o inspetor deve impedir que o equipamento volte a operar sem suas condições normais de segurança e/ou sem condições de garantir uma confiabilidade desejada (salvo por determinações de uma escala hierárquica superior).

m. Estudar → o inspetor deve manter seus conhecimentos atualizados através de estudos aprofundados referentes aos detalhes técnicos dos equipamentos e componentes, para garantir seu amplo domínio sobre as detecções das possíveis falhas e avarias ocultas.

n. Cumprir → o inspetor deve cumprir com cem por cento de sua rotina de inspeção, sem deixar realizar os pontos de inspeção por quaisquer que sejam os motivos ou ao menos informar aos superiores imediatos a sua não-execução.

o. Zelar → o inspetor deve zelar pela integridade física das máquinas, equipamentos e componentes.

p. Propor → o inspetor deve avaliar e propor melhorias contínuas para os equipamentos, a fim de aumentar sua disponibilidade, confiabilidade e manutenibilidade.

q. Otimizar → o inspetor deve avaliar as condições dos equipamentos para otimizar os recursos, com o intuito de reduzir os custos da organização.

Com a realização diária de todas as atividades destinadas ao inspetor de manutenção industrial de forma correta e coerente, é possível contribuir significativamente, para que se possam atingir as metas destinadas à manutenção, principalmente uma disponibilidade satisfatória e uma confiabilidade oportuna de todos os sistemas funcionais em determinada unidade de produção.

7. INSPEÇÕES E ANÁLISES TÉCNICAS DOS COMPONENTES E EQUIPAMENTOS

Os equipamentos também fazem parte do patrimônio da empresa, pois são eles que transformam as matérias-primas em produtos acabados.

É de extrema importância que as organizações possuam uma inspeção viável e eficaz, que possa prolongar e o funcionamento dos equipamentos com o intuito de evitar falhas e quebras em máquinas e instalações e, por consequência, evitar eventuais paradas na produção e perda de competitividade.

A avaliação do estado dos equipamentos se dá através do monitoramento da condição, na qual se utilizam os sentidos – a visão, a audição, o tato, o olfato e o paladar – a fim de perceber as variáveis do comportamento dos equipamentos.

A seguir serão detalhados alguns dos componentes e elementos de máquinas mais comuns, passíveis de acompanhamento e monitoramento da condição de funcionamento:

7.1. CABOS DE AÇO E POLIAS

7.1.1. CONCEITO

Cabos são elementos de transmissão que suportam cargas (força de tração) deslocando-as nas posições horizontal, vertical ou inclinada. Os cabos são muito empregados em equipamentos de transporte e na elevação de cargas, como em elevadores, escavadeiras, pontes rolantes. Os cabos de aço sempre trabalham sob tensão e têm a função de sustentar ou elevar cargas.

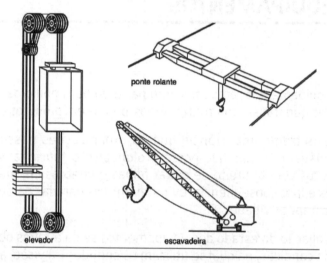

Exemplos da utilização de cabos de aço

7.1.2. Componentes do Cabo de Aço

O cabo de aço se constitui de alma e perna. A perna é composta de vários arames em torno de um arame central, conforme a figura abaixo.

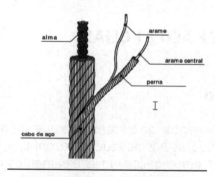

Componentes do cabo de aço

Quando a perna é construída em várias operações, os passos ficam diferentes no arame usado em cada camada. Essa diferença causa atrito durante o uso e, consequentemente, desgasta os fios.

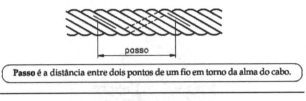

Conceito de passo

MEDIÇÃO DO DIÂMETRO: o diâmetro do cabo de aço é aquele da sua circunferência máxima.

Medidas do cabo de aço

7.1.3. POLIAS E TAMBORES PARA CABOS

O diâmetro das polias e tambores para cabos deve ser o maior possível, considerando todos os fatores envolvidos no serviço.

Quanto à forma da canaleta (ou canal) devem ser observadas as recomendações do fabricante. Na ausência dessas informações, podem-se considerar os seguintes dados:

❏ Canais redondos guiam da melhor maneira.

Canais redondos

❑ Canais a 45° dão a máxima durabilidade.

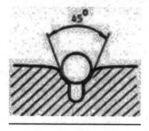

Canais para guia de cabos

❑ Canais a 20° dão a máximo efeito de cunha.

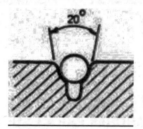

Canais para guia de cabos

Os fios podem ser galvanizados ou simplesmente lubrificados.

Atualmente está sendo usado o náilon estirado como revestimento de cabos, o que dá boa proteção.

Observam-se também possíveis desgastes no sulco ou canal das polias.

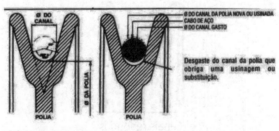

Desgastes dos sulcos das polias

Assim como os cabos de aço, as polias também possuem um limite máximo para este desgaste, de acordo com a Tabela 1.

Diâmetro nominal do cabo em polegadas	Folga mínima em polegadas	Folga máxima em polegadas
1/4 - 5/16	1/64	1/32
3/8 - ¾	1/32	1/16
13/16 - 1.1/8	3/64	3/32
1.3/16 - 1.1/2	1/16	1/8
1.9/16 - 2.1/4	3/32	3/16
2.5/16 e acima	1/8	1/4

Tabela 1 – Limites de folgas dos sulcos das polias.

7.1.4. Inspeção e Manutenção dos Cabos de Aço

Muitas vezes é entendido que a "inspeção" é limitada apenas ao cabo de aço, porém, a mesma deve ser estendida a todas as partes do equipamento que tenham contato com o cabo, ou seja, durante a inspeção do cabo, devemos inspecionar também as partes do equipamento como polias, tambores etc. onde o mesmo trabalha.

É possível dividir a inspeção do cabo em dois tipos:

a. Inspeção Frequente

Este tipo de inspeção visa detectar danos como dobras, amassamento, gaiola de passarinho, perna fora de posição, alma saltada, grau de corrosão, pernas rompidas, entre outros, que possam comprometer a segurança do cabo. Este tipo de inspeção é feito por análise visual e deve ser realizado pelo operador do equipamento ou outra pessoa responsável no início de cada turno de trabalho. Caso seja detectado algum dano grave ou insegurança quanto às condições do cabo, ele deve ser retirado e submetido a uma inspeção periódica.

B. Inspeção Periódica

Este tipo de inspeção visa a uma análise detalhada das condições do cabo de aço.

A frequência desta inspeção deve ser determinada por uma pessoa qualificada e deve ser baseada em fatores tais como: a vida média do cabo determinada pela experiência anterior, agressividade do meio ambiente, relação entre a carga usual de trabalho e a capacidade máxima do equipamento, frequência de operação e exposição a trancos. As inspeções não precisam necessariamente ser realizadas em intervalos iguais e devem ser mais frequentes quando se aproxima o final da vida útil do cabo.

É importante que esta inspeção abranja todo o comprimento do cabo, com foco nos trechos onde o cabo trabalha em pontos críticos do equipamento.

7.1.6. Critérios de Substituição

Não existe uma regra precisa para se determinar o momento exato da substituição de um cabo de aço, uma vez que diversos fatores estão envolvidos.

Aspectos como meio ambiente, condições gerais de partes do equipamento (polias/tambores), condições de uso, período de uso, entre outros, influenciam diretamente na sua durabilidade. Desta forma a substituição do cabo deve ser feita com base na sua inspeção.

A inspeção periódica é muito importante e deve ser baseada em alguma norma ou literatura que apresente um critério de substituição do cabo.

O primeiro passo para uma boa inspeção é detectar os pontos críticos no equipamento. Chama-se de ponto crítico qualquer ponto que possa expor o cabo a um esforço maior, a desgastes ou mesmo a algum dano.

Na maior parte das vezes, estes pontos são trechos onde o cabo trabalha em contato direto com alguma parte do equipamento, como polia, tambor etc.

É importante lembrar que ninguém melhor do que o operador do equipamento para conhecer os seus pontos críticos. O critério de substituição de cabos sugerido abaixo é baseado na norma ASME.

A Norma ASME B30 é destinada a desenvolver, manter e interpretar códigos e normas de segurança que cobrem a construção, instalação, operação, inspeção, testes e manutenção de guindastes, ontes rolantes e equipamentos relacionados à movimentação de cargas.

A Norma ASME B30.2 aplica-se à construção, instalação, operação, inspeção e manutenção de sobrecarga de manuais e de propulsão mecânica e guindastes de pórtico, que tem um topo de execução viga única ou múltipla ponte de viga, com uma ou mais alto em execução talhas trole utilizados para a elevação vertical e redução de livremente suspensos, cargas não guiadas que consistem em equipamentos e materiais. Os requisitos incluídos neste volume também se aplicam aos guindastes com as mesmas características fundamentais, tais como guindastes de pórtico cantilever, semi-pórticos e guindastes de parede. Requisitos de um guindaste utilizado para um fim especial, tais como, mas não se limitam a, não vertical serviço de elevação, levantar uma carga guiada, ou levantar o pessoal não estão incluídos neste volume. B30.2 é para ser utilizado em conjunto com o equipamento descrito em outros volumes da série B30 ASME das normas de segurança.

B30.5 aplica-se à construção, inspeção, testes, manutenção e operação de guindastes sobre esteiras, guindastes de locomotivas, roda-grua, e algumas variações do mesmo que conservam as mesmas características fundamentais. O escopo inclui apenas guindastes dos tipos anteriores que são movidos por motores de combustão interna ou motores elétricos. Tratores e guindastes lado da lança concebidos para transporte ferroviário e desembaraço automóvel naufrágio, torres de escavador, guindastes fabricados especificamente para, ou quando usado, serviço de linha energizada elétrica, lança articulada, guindastes de lança de bonde, e gruas com uma capacidade nominal máxima de uma tonelada ou menos são excluídos.

A inspeção dos cabos inclui a verificação de vários problemas descritos abaixo:

a. Redução de Diâmetro

Geralmente, a redução do diâmetro do cabo pode ser causada por desgaste excessivo dos arames, deterioração da alma ou corrosão interna ou externa.

Para cabos convencionais (Classes 6x7, 6x19 e 6x37), as normas admitem uma redução da ordem de 5% do diâmetro nominal, já para cabos de aço elevadores (Classe 8x19), é admitida uma redução da ordem de 6% do diâmetro.

É necessário ressaltar, porém, a correta medição do diâmetro conforme já comentado anteriormente.

Desta forma, quando verificada uma redução maior que as propostas acima, o cabo deverá ser substituído.

b. Corrosão

Além de acelerar a fadiga, a corrosão também diminui a resistência à tração do cabo de aço por conta da redução de área metálica.

A corrosão pode apresentar-se na parte interna ou externa do cabo. Embora a detecção da corrosão interna seja mais difícil visualizar, alguns indícios como variações de diâmetro ou perda de afastamento podem indicar sua existência.

Corrosão em cabos de aço

É importante também verificar a existência de corrosão na região da base de soquetes, pois esta região se mostra propícia para acúmulo de umidade.

Corrosão na base dos soquetes

c) Arames Rompidos

A ruptura de arames geralmente ocorre por abrasão, fadiga por flexão ou amassamentos gerados por uso indevido ou acidente durante o funcionamento do cabo, podendo ocorrer tanto nos arames internos como nos externos. Dentro do possível é importante que, durante a inspeção, os arames rompidos sejam retirados do cabo com um alicate (Figura 11). A ilustração de fios rompidos está descrita na figura abaixo.

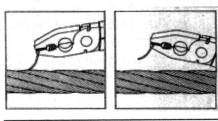

Arames rompidos

O arame interno mantém contato internamente na perna e na alma, já o arame externo mantém contato nas regiões entre pernas ou entre a perna e a alma. Dois tipos de quebras devem ser analisados, conforme figura na sequência.

- ❏ Quebra de topo, em que as rupturas dos arames são notadas no topo da perna.
- ❏ Quebra no vale, localizada na região entre pernas.

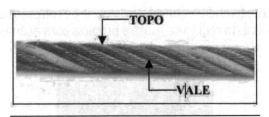

Tipos de quebra

A ruptura de arames no vale deve ser tratada com muito cuidado, pois a mesma é gerada através do "nicking" formado pelo atrito entre pernas.

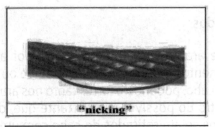

Ruptura de arames

Geralmente, quando detectado um rompimento de arames no vale, certamente outros estarão rompidos ou na eminência de se romper. Atenção especial deve ser dada a alguns pontos críticos, como aqueles situados na base de terminais, pois é muito difícil visualizar as quebras nestes pontos.

Quando verificados dois arames rompidos nesta região recomenda-se a sua substituição ou que sejam ressoquetados. A ressoquetagem não deve ser feita se o encurtamento do cabo prejudicar a sua operação.

Geralmente a ruptura dos arames externos dá-se no topo do cabo de aço, sendo gerada por desgaste abrasivo, fadiga por flexão ou mesmo amassamentos. Algumas normas, como a NBR ISO 4309, apresentam fórmulas complexas para a determinação do número máximo de arames rompidos, mesmo assim podem ser usadas. As tabelas 2 e 3, abaixo, sugerem os critérios de determinação de fios rompidos segundo normas ASME. A quantidade de arames rompidos deve ser verificada no comprimento de um passo.

Tabela 2 - Critério de fios rompidos para cabos convencionais

CRITÉRIO DE FIOS ROMPIDOS PARA CABOS CONVENCIONAIS		
CLASSE (classificação)	Fios rompidos aleatoriamente em um passo	Fios rompidos na perna em um passo
6X19	6	3
6X37	12	4

Tabela baseada nas normas ASME B30. 2 e B.30.5

Tabela 3 - Critério de fios rompidos para cabos elevadores

CRITÉRIO DE FIOS ROMPIDOS PARA CABOS ELEVADORES		
CASO	Máquina de acionamento por Tração	Máquina de acionamento por tambor
	CABOS 8X19	
1	32	15
2	10	8

Tabela baseada nas normas ASME B30. 2 e B.30.5

CASO 1: Arames rompidos aleatoriamente dentro de um passo.

CASO 2: Arames rompidos predominantes em uma ou duas pernas.

Entretanto, dentro das indústrias os profissionais costumam definir seus próprios limites para avaliação de fios rompidos. Segue abaixo uma das fórmulas mais utilizadas para definição da quantidade de fios rompidos permitidos em um cabo de aço:

Para determinar esta tolerância, permite-se no máximo 60 fios rompidos em um espaço de 30 vezes o diâmetro do cabo, ou seja:

Cabo de 1" de diâmetro, multiplica-se 25,4 x 30 = 762mm.

Para um cabo de aço de diâmetro de 1", permite-se no máximo 60 fios rompidos em um espaço de 762mm de comprimento. Desde que não ultrapasse a quantidade de fios rompidos na mesma perna, dentro do mesmo passo, conforme tabelas 2 e 3.

d. Danos por Temperatura

Se, durante a inspeção, for detectada alguma evidência de dano por alta temperatura, o cabo deverá ser substituído. Cabos expostos a altas temperaturas (acima de 300°C) podem apresentar redução em sua capacidade de carga. Estes danos poderão ser verificados através da aparência do lubrificante (borra) ou mesmo pela alteração de cor dos arames na região afetada.

e. Danos por Distorção

Esses danos normalmente provêm do manuseio incorreto do cabo de aço. Por isso os seguintes cuidados com o manuseio devem ser observados: o cabo de aço deve ser enrolado e desenrolado corretamente, a fim de não ser estragado facilmente por deformações permanentes e formação de nós fechados. Se o cabo for manuseado de forma errada, ou seja, enrolado ou desenrolado sem girar o rolo ou o carretel, ficará torcido e formará laço. Com o laço fechado, o cabo já estará estragado e precisará ser substituído ou cortado no local.

IMPORTANTE: mesmo que um nó esteja aparentemente endireitado, o cabo nunca pode render serviço máximo, conforme a capacidade garantida. O uso de um cabo com este defeito torna-se perigoso e pode causar graves acidentes.

7.1.7. Como trabalhar com o Cabo de Aço

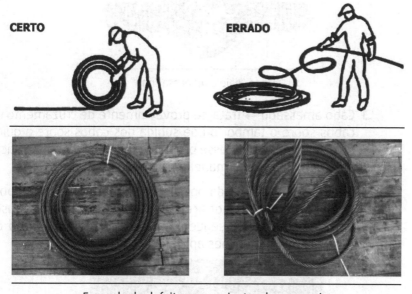

Exemplo de defeitos provenientes do manuseio

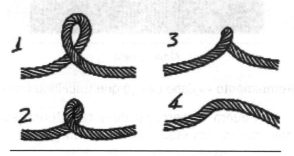

f. Exemplos de outros danos comuns

- ❑ Gaiola de passarinho → É provocada pelo choque de alívio de tensão, ou seja, quando a tensão, provavelmente excessiva, tenha sido aliviada instantaneamente.

Defeito "gaiola de passarinho"

- Cabo amassado → trata-se provavelmente de cruzamento de cabos sobre o tambor ou de subida dos cabos sobre a quina da canaleta. Evita-se esse problema mantendo o cabo esticado e enrolando-o de maneira ordenada no tambor.

- Alma Saltada → Gerada por alívio repentino de tensão, possivelmente causado por aceleração ou desaceleração brusca em rampas que não seguem uma suavidade em função do desequilíbrio de tensões aplicadas sobre o cabo.

Alma saltada

- Rompimento → Cabo de aço que trabalhou fora da polia.

Podem-se perceber duas características de rupturas nos arames: amassamento e sobrecarga.

Cabo rompido

- Rabo de Porco → Gerado pelo trabalho do cabo em diâmetros pequenos.

Rabo de porco

- Perna de Cachorro (dobra) → Gerado durante o manuseio do cabo.

Perna de cachorro

- Quebra de fios externos pode ser causada por:
  - Diâmetro da polia ou tambor excessivamente pequeno ou mudança frequente de direção.
  - Corrosão;
  - Excesso de flexões do cabo;
  - Abrasão não uniforme;
  - Excesso de tempo de trabalho do cabo.

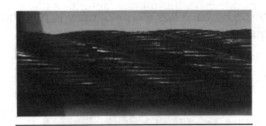

Quebra de fios externos

- Ondulação → Trata-se de deslizamento de uma ou mais pernas devido à fixação imprópria ou devido a rompimento da alma.
- Deterioração da alma → Trata-se de falta de lubrificação. Dependendo do tipo de alma, esta pode fragmentar-se quando resseca, ou apodrecer com umidade ou penetração do líquidos corrosivos.
- Redução de secção de fios externos → O cabo deve ser substituído quando atingir a porcentagem determinada pelo fornecedor da máquina, conforme figuras e tabelas 2 e 3.
- Esmagamento → Dano geralmente causado pelo enrolamento desordenado de cabos no tambor ou mesmo pelo incorreto ângulo formado entre a polia de desvio e o tambor.

Enrolamento desordenado

g. Cuidado

Além dos cuidados de instalação que visam, principalmente, evitar o aparecimento do nó, que limita o aproveitamento do cabo, o inspetor de manutenção industrial deve ainda tomar os seguintes cuidados:

1. Manter o cabo de aço afastado de produtos químicos nocivos (ácidos), abrasivos e cantos afiados.

2. Armazenar o cabo de aço em local seco, por meio de carretel, para fácil manuseio, sem torção estrutural.

3. Não deixar que o cabo se encoste à lateral da polia, no chão ou nos obstáculos ao longo do seu caminho.

4. Evitar arrancadas ou mudanças bruscas de direção.

5. 5- Aplicar suavemente as forças.

6. Permitir que o cabo esteja bem esticado antes de levantar o peso.

7. Manter o cabo sempre limpo. As partículas abrasivas são particularmente nocivas.

8. Manter o cabo sempre lubrificado. A lubrificação do cabo deve ser incluída na ficha de lubrificação da máquina.

9. Inspecionar os cabos periodicamente, conforme as recomendações do fabricante da máquina. Nessa inspeção, deve-se observar:

    a. as argolas, pinos etc. Eem caso de desgaste acima do indicado pelo manual de serviço, devem ser trocados ou recondicionados. Na falta de indicação do manual, considerar 10% na perda de secção como valor máximo.

    b. os canais, que não devem ser largos demais para que o cabo tenha apoio nas laterais e não deforme.

    c. o material, que deve ser resistente tanto à abrasão quanto à fluência (escoamento), a fim de não se desgastar nem se deformar facilmente.

7.1.7. Recomendação

Como já é sabido, a inspeção visual dos cabos de aço não garante a total eficiência do equipamento, uma vez que estudos técnicos indicam que a inspeção visual somente garante a visibilidade de no máximo 20% de toda a extensão e estrutura do cabo de aço devido à dificuldade de acesso ao seu interior.

Para uma garantia total da estabilidade da estrutura do cabo de aço, sugere-se um ensaio não destrutivo (Inspeção Eletromagnética), a qual se trata de uma técnica de última geração, porém, extremamente cara, fato este que até então se torna inviável a sua aplicação, direcionando assim a contínua prática da inspeção visual.

7.2. ROLAMENTOS E MANCAIS DE ROLAMENTOS

7.2.1. Conceito

- ❑ Rolamento → É um dispositivo que permite o movimento relativo controlado entre duas ou mais partes. Serve para substituir a fricção de deslizamento entre as superfícies do eixo e da chumaceira por uma fricção de roladura.
- ❑ Mancal de rolamento → É o dispositivo no qual se aloja o rolamento.

A verificação das condições de operação das máquinas e o planejamento das revisões estão se tornando cada vez mais importantes. O monitoramento da condição das máquinas vem se desenvolvendo rapidamente como uma das atividades da manutenção.

A indicação de uma falha de rolamento no estágio inicial permite o planejamento de sua troca, evitando uma parada da máquina devido à quebra do rolamento.

Rolamentos em equipamentos críticos ou operando em ambientes severos devem ser frequentemente inspecionados. Vários sistemas e instrumentos se encontram disponíveis no mercado atualmente. A maioria deles é para análise de vibração. No entanto, por razões práticas, nem todas as máquinas são monitoradas.

Nestes casos cabe ao inspetor de manutenção industrial realizar este monitoramento, ficando sempre atento a alguns sinais de perigo, tais como:

    a. Ruído.
    b. Vibração.
    c. Temperatura.
    d. Lubrificação.
    e. Fixação.

Porém, para que possam ser observados tais sinais de perigo, o inspetor de manutenção industrial deve aplicar as técnicas da manutenção sensitiva, como ouvir, sentir e olhar.

7.2.2. OUVIR

Uma das maneiras mais tradicionais de identificar danos nos rolamentos através dos ruídos é colocando uma extremidade de um bastão de madeira ou a extremidade de uma chave de fenda no mancal do rolamento e o ouvido no outro lado, conforme mostra a figura abaixo.

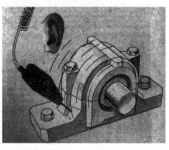

Ouvir o som do rolamento

Rolamentos em boas condições de funcionamento produzem um zumbido suave e uniforme. Ruídos sibilantes, chiados e outros sons irregulares normalmente revelam rolamentos em más condições de funcionamento, tais como:

a) Um ruído sibilante (silvo agudo) pode indicar lubrificação inadequada.

b) Folga insuficiente no rolamento pode produzir um som metálico.

c) Edentações na pista do anel externo do rolamento podem causar vibrações, resultando em um som nítido e suave.

d) Danificação do anel causada por pancadas durante a montagem provocam sons que variam de acordo com a velocidade do rolamento em operação.

e) Ruídos intermitentes podem indicar danos num corpo rolante. Isso ocorre quando um elemento gira por sobre um ponto danificado.

f) Impurezas entre os corpos rolantes de um rolamento frequentemente produzem um som rangente.

g) Rolamentos seriamente danificados produzem ruídos irregulares estrondosos.

Falhas de rolamentos podem ser detectadas através de ruídos, porém, na maioria dos casos a falha já esta em estágio avançado e a troca do rolamento deve ser realizada imediatamente.

7.2.3. Sentir

Itas temperaturas indicam que algo anormal esta acontecendo e podem deteriorar as propriedades do lubrificante do rolamento. Rolamentos trabalhando por períodos prolongados expostos a altas temperaturas podem sofrer redução de sua vida útil. Temperaturas elevadas nos rolamentos podem ocorrer em função de diversas causas, as quais serão explanadas mais adiante.

É importante notar que um aumento natural de temperatura, com duração de um ou dois dias, ocorrerá imediatamente após a relubrificação.

A medição periódica da temperatura dos mancais de rolamentos é fundamental, pois qualquer alteração brusca pode indicar algum problema.

Esta medição pode ser feita de duas maneiras, conforme a figura abaixo.

a) Utilizando o tato – encoste a mão na carcaça do mancal e conte até 10. De acordo com informações médicas, se conseguir sustentar a mão sobre a carcaça do mancal por este período, significa que a temperatura é inferior a 55 graus.

b) Utilizando o termômetro – geralmente utiliza-se o termômetro digital, que indica de imediato a temperatura da carcaça do mancal.

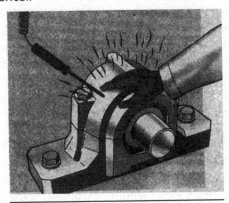

Indicação de medição de temperatura do mancal de rolamento

7.2.4. OLHAR

Rolamentos corretamente lubrificados e adequadamente protegidos contra impurezas e umidades dificilmente apresentam desgastes. Mesmo assim, é aconselhável examinar visualmente o mancal de rolamento, tanto fechado em funcionamento quanto aberto e parado.

Inspeção de um mancal de rolamento fechado e em funcionamento.

O inspetor de manutenção industrial deve avaliar periodicamente a condição das vedações dos mancais de rolamentos para se certificar de que eles não permitam a penetração de líquidos quentes, corrosivos ou gases ao longo do eixo, manter o anel de proteção das vedações de labirintos preenchido com graxa, a fim de assegurar a máxima proteção e substituir, tão logo seja possível, as vedações de feltro ou de borracha que apresentarem desgastes.

Além de prevenir a entrada de óleo e impurezas, as vedações são importantes também para a permanência do lubrificante no alojamento do rolamento. Vazamentos de lubrificante nas vedações devem ser inspecionados, a fim de detectar vedações gastas, defeituosas ou buchas soltas. Vazamentos podem ocorrer também devido ao afrouxamento da junta entre as superfícies de contato do alojamento do rolamento ou da decomposição de graxa e liberação de óleo.

Inspecione também os sistemas de lubrificação automáticos para que tenham um perfeito funcionamento, preenchendo-os com o lubrificante correto e assegurando que seja liberada a quantidade exata determinada para a relubrificação.

Outro ponto importante a ser inspecionado é o próprio lubrificante: descoloramento ou escurecimento são normalmente sinais de que o lubrificante contém impurezas que podem ser altamente prejudiciais aos rolamentos.

O volume de lubrificante também é um fator essencial para acompanhamento da inspeção, uma vez que já sabemos que tanto o excesso quanto a falta do mesmo pode acarretar um aumento considerável da temperatura dos mancais de rolamentos.

Outro fator fundamental na inspeção de um mancal de rolamento, que pode ser acompanhado pela visão e pelo tato, é a sua fixação, pois ele deve estar totalmente preso, evitando, assim, as vibrações que podem comprometer o funcionamento do rolamento. Para tal acompanhamento visual é necessário que se realize uma marcação no exato momento do ajuste ou torque aplicado nos parafusos de fixação do mancal, de maneira que se possa perceber quaisquer irregularidades voltadas para afrouxamentos indesejáveis.

Inspeção de um mancal de rolamento aberto parado

A inspeção periódica é importante para manter o ótimo desempenho do equipamento. A hora mais conveniente para se inspecionar um rolamento é durante os períodos de paradas planejadas para manutenção de rotina ou por qualquer outra razão.

Um dos pontos ao qual o inspetor de manutenção industrial deve estar sempre atento é a limpeza. Tome todos os cuidados necessários para manter os rolamentos e seus lubrificantes livres de quaisquer tipos de contaminação. Comece a inspeção limpando a superfície do rolamento, em seguida remova os componentes com cuidado para não danificá-los. Inspecione minuciosamente as vedações e os componentes próximos a ela, pois uma vedação danificada pode contribuir significativamente para uma falha e consequentes paradas dos equipamentos.

Outro ponto importante é o lubrificante, que deve ser removido do alojamento. Frequentemente podem ser detectadas impurezas simplesmente esfregando o lubrificante entre os dedos ou espalhando uma fina camada nas costas ou na palma da mão e examinando-a sob a luz. Sempre é necessário utilizar luvas de proteção ao trabalhar com os lubrificantes, pois o contato direto com derivados de petróleo pode provocar reações alérgicas.

Quando substituir o lubrificante de um rolamento, se for óleo, drene o recipiente e encha-o com óleo de lavagem, deixe-o funcionando por alguns minutos em baixa velocidade para que o óleo de lavagem possa coletar as impurezas impregnadas nas paredes ou no fundo do mancal, em seguida drene novamente e preencha-o com o óleo desejado.

Para lubrificações com graxa, remova toda a graxa possível utilizando um raspador macio. Não utilize de forma alguma panos de algodão para contato com o rolamento, pois as fibras desprendidas dos mesmos podem mais tarde alojar-se entre os corpos rolantes e danificá-los.

Ao inspecionar um rolamento, nunca o deixe exposto a impurezas ou umidades, ele sempre deve ser coberto com papel encerado ou folhas de plástico.

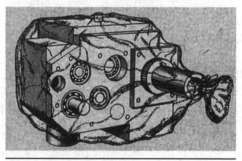

Proteção do rolamento livre de impurezas

Sempre que possível, lave o rolamento com um pincel umedecido com solventes à base de petróleo ou borrifando o solvente dentro do rolamento. Isso possibilita a inspeção sem ter que desmontar o rolamento. Gire o rolamento levemente e continue a pincelar ou borrifar, até que o solvente pare de absorver as impurezas. Em seguida enxágue o rolamento e seque com pano limpo, livre de fiapos. Ao enxaguar evite girar os componentes do rolamento.

Um pequeno espelho ou sonda obtusa é conveniente ao inspecionar as pistas, as gaiolas e os corpos rolantes dos rolamentos.

Nunca lave rolamentos vedados, limpe somente as superfícies externas.

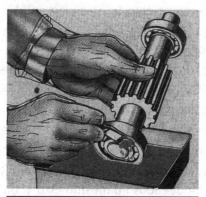

Limpeza dos rolamentos

Substitua os rolamentos danificados. Instalar um rolamento novo durante as paradas planejadas do equipamento é bem menos dispendioso do que a parada do equipamento devido a uma falha de um rolamento reaproveitado e em operação.

7.2.5. EFEITOS E CAUSAS

Rolamentos que não estão funcionando corretamente apresentam sintomas de falhas. Serão apresentadas a seguir algumas dicas úteis para a eliminação de dificuldades, explicando como identificar as más condições de funcionamento.

EFEITO 1

❏ Rolamento sobreaquecido.

Causas 1

- ❑ Lubrificação inadequada (tipo impróprio de graxa ou óleo).
- ❑ Lubrificação insuficiente (baixo nível de óleo ou perda de lubrificante através das vedações).
- ❑ Lubrificação excessiva (nível de óleo alto demais no alojamento ou alojamento com muita graxa).
- ❑ Folga insuficiente do rolamento (seleção imprópria de ajuste, folga interna no eixo ou no alojamento).
- ❑ Rolamento apertado no alojamento (furo não totalmente cilíndrico ou alojamento empenado).
- ❑ Trepidação desigual da base do alojamento (furo do alojamento distorcido ou possível rachadura da base).
- ❑ Vedações apertadas demais.
- ❑ Vedações desalinhadas (atrito com partes estacionárias).
- ❑ Furo de retorno de óleo obstruído (vazamento de óleo).
- ❑ Rolamentos pré-carregados (montagem incorreta, dois rolamentos bloqueados no mesmo eixo, montagem invertida).
- ❑ Rolamento solto no eixo (diâmetro do eixo pequeno demais, buchas de fixação não apertadas corretamente).
- ❑ Rolamento apertado demais internamente(buchas de fixação apertadas demais internamente).
- ❑ Anel externo girando no alojamento (carga desequilibrada).
- ❑ Ressalto do eixo grande demais (atrito com vedações do rolamento).
- ❑ Folga insuficiente nas vedações do labirinto (atrito excessivo).
- ❑ Furo do respirador de óleo obstruído (indica nível incorreto do óleo).
- ❑ Desalinhamento linear do eixo.
- ❑ Desalinhamento angular do eixo.
- ❑ Capas de nível constante de óleo (nível incorreto ou posicionamento incorreto).

INSPEÇÕES E ANÁLISES TÉCNICAS DOS COMPONENTES E EQUIPAMENTOS | 49

- ❏ Dentes de aperto da arruela de trava estão curvados (atrito com o rolamento).
- ❏ Posicionamento incorreto dos defletores (atrito).
- ❏ Superfície irregular da base (curvatura do alojamento causa o aperto do rolamento).
- ❏ Vazamento de lubrificante e entrada de impurezas no rolamento (vedações danificadas).
- ❏ Eixo grande demais (o rolamento sobreaquece e produz ruídos).
- ❏ Furo do alojamento é pequeno demais (o rolamento aquece-excessivamente).
- ❏ Furo do alojamento grande demais (o rolamento sobreaquece porque o anel externo gira).
- ❏ Aumento do furo do mancal (o furo faz o anel externo girar dentro do mancal).

EFEITO 2

- ❏ Ruído no rolamento.

CAUSAS 2

- ❏ Lubrificação inadequada (tipo impróprio de graxa ou óleo).
- ❏ Lubrificação insuficiente (baixo nível de óleo ou perda de lubrificante através das vedações).
- ❏ Folga insuficiente do rolamento (seleção imprópria de ajuste, folga interna no eixo ou no alojamento).
- ❏ Material estranho atuando como abrasivo (areia, carbono e outras impurezas).
- ❏ Material estranho atuando como corrosivo (água, ácidos, tintas e outras impurezas).
- ❏ Rolamento apertado no alojamento (furo não totalmente cilíndrico ou alojamento empenado).

- Trepidação desigual da base do alojamento (furo do alojamento distorcido ou possível rachadura da base).
- Limalhas no alojamento do rolamento (limalhas ou impurezas que ficaram no alojamento durante a montagem).
- Vedações desalinhadas (atrito com partes estacionárias).
- Rolamentos pré-carregados (montagem incorreta, dois rolamentos bloqueados no mesmo eixo, montagem invertida).
- Rolamento solto no eixo (diâmetro do eixo pequeno demais ou bucha não apertada corretamente).
- Rolamento apertado demais internamente(buchas de fixação apertadas demais internamente).
- Anel externo girando no alojamento (carga desequilibrada).
- Rolamento ruidoso (superfície achatada nos corpos rolantes devido a escorregamento).
- Ressalto do eixo pequeno demais (suporte inadequado do eixo, curvatura do eixo).
- Ressalto do eixo grande demais (atrito com as vedações do rolamento).
- Ressalto do alojamento pequeno demais (atrito com as vedações do rolamento).
- Ressalto do alojamento grande demais (vedações do rolamento distorcidas).
- Filete do eixo grande demais (curvatura do eixo).
- Filete do alojamento grande demais (suporte inadequado).
- Folga insuficiente nas vedações do labirinto (atrito excessivo).
- Dentes de aperto da arruela de trava estão curvados (atrito com o rolamento).
- Posicionamento incorreto dos defletores (atrito).
- Superfície irregular da base (curvatura do alojamento causa o aperto do rolamento).

- Corpos rolantes dentados (causados por pancadas de martelo no rolamento).
- Ruído no rolamento (causado por condições externas ou brinelamento falso).
- Vazamento de lubrificante e entrada de impurezas no rolamento (vedações danificadas).
- Vibração (folga excessiva do rolamento, carga desequilibrada ou fixação frouxa).
- Rolamento descorado (maçarico foi usado para remover o rolamento ou superaquecimento do rolamento).
- Eixo grande demais (o rolamento sobreaquece e produz ruídos).
- Furo do alojamento é pequeno demais (o rolamento aquece excessivamente).
- Furo do alojamento grande demais (o rolamento sobreaquece porque o anel externo gira).
- Aumento do furo do mancal (o furo faz o anel externo girar dentro do mancal).

EFEITO 3

- Vibração no mancal e rolamento.

CAUSAS 3

- Material estranho atuando como abrasivo (areia, carbono e outras impurezas).
- Material estranho atuando como corrosivo (água, ácidos, tintas e outras impurezas).
- Rolamento apertado no alojamento (furo não totalmente cilíndrico ou alojamento empenado).

- Trepidação desigual da base do alojamento (furo do alojamento distorcido ou possível rachadura da base).

- Limalhas no alojamento do rolamento (limalhas ou impurezas que ficaram no alojamento durante a montagem).

- Rolamento solto no eixo (diâmetro do eixo pequeno demais ou bucha não apertada corretamente).

- Anel externo girando no alojamento (carga desequilibrada).

- Rolamento ruidoso (superfície achatada nos corpos rolantes devido a escorregamento).

- Assento cônico do eixo (concentração de carga no rolamento).

- Furo cônico do alojamento (concentração de carga no rolamento).

- Ressalto do eixo pequeno demais (suporte inadequado do eixo, curvatura do eixo).

- Ressalto do alojamento pequeno demais (atrito com as vedações do rolamento).

- Filete do eixo grande demais (curvatura do eixo).

- Filete do alojamento grande demais (suporte inadequado).

- Desalinhamento linear do eixo.

- Desalinhamento angular do eixo.

- Dentes de aperto da arruela de trava estão curvados (atrito com o rolamento).

- Superfície irregular da base (curvatura do alojamento causa o aperto do rolamento).

- Corpos rolantes dentados (causados por pancadas de martelo no rolamento).

- Vibração (folga excessiva do rolamento, carga desequilibrada ou fixação frouxa).

- Furo do alojamento grande demais (o rolamento sobreaquece porque o anel externo gira).

Inspeções e análises técnicas dos componentes e equipamentos | 53

❏ Aumento do furo do mancal (o furo faz o anel externo girar dentro do mancal).

Efeito 4

❏ Eixo difícil de girar.

Causas 4

❏ Material estranho atuando como abrasivo (areia, carbono e outras impurezas).

❏ Material estranho atuando como corrosivo (água, ácidos, tintas e outras impurezas).

❏ Lubrificação excessiva (nível de óleo alto demais no alojamento ou alojamento com muita graxa).

❏ Folga insuficiente do rolamento (seleção imprópria de ajuste, folga interna no eixo ou no alojamento).

❏ Material estranho atuando como abrasivo (areia, carbono e outras impurezas).

❏ Material estranho atuando como corrosivo (água, ácidos, tintas e outras impurezas).

❏ Rolamento apertado no alojamento (furo não totalmente cilíndrico ou alojamento empenado).

❏ Trepidação desigual da base do alojamento (furo do alojamento distorcido ou possível rachadura da base).

❏ Limalhas no alojamento do rolamento (limalhas ou impurezas que ficaram no alojamento durante a montagem).

❏ Vedações apertadas demais.

❏ Vedações desalinhadas (atrito com partes estacionárias).

❏ Furo de retorno de óleo obstruído (vazamento de óleo).

❏ Rolamentos pré-carregados (montagem incorreta, dois rolamentos bloqueados no mesmo eixo, montagem invertida).

❑ Rolamento apertado demais internamente(buchas de fixação apertadas demais internamente).

❑ Ressalto do eixo pequeno demais (suporte inadequado do eixo, curvatura do eixo).

❑ Ressalto do eixo grande demais (atrito com vedações do rolamento).

❑ Ressalto do alojamento pequeno demais (atrito com as vedações do rolamento).

❑ Ressalto do alojamento grande demais (vedações do rolamento distorcidas).

❑ Filete do eixo grande demais (curvatura do eixo).

❑ Filete do alojamento grande demais (suporte inadequado).

❑ Folga insuficiente nas vedações do labirinto (atrito excessivo).

❑ Desalinhamento linear do eixo.

❑ Desalinhamento angular do eixo.

❑ Dentes de aperto da arruela de trava estão curvados (atrito com o rolamento).

❑ Posicionamento incorreto dos defletores (atrito).

❑ Superfície irregular da base (curvatura do alojamento causa o aperto do rolamento).

❑ Eixo grande demais (o rolamento sobreaquece e produz ruídos).

❑ Furo do alojamento é pequeno demais (o rolamento aquece excessivamente).

❑ Eixo difícil de girar (ressaltos do eixo e do alojamento estão fora da simetria com o eixo do rolamento).

7.3. ACOPLAMENTOS

7.3.1. Conceito

Acoplamento é um conjunto mecânico, constituído de elementos de máquina, empregado na transmissão de movimento de rotação entre duas árvores ou eixos-árvore.

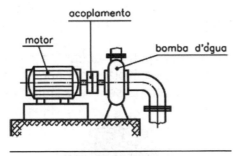

Acoplamento instalado

7.3.2. Tipos de Acoplamentos

Os acoplamentos podem ser primariamente divididos em
- Lubrificáveis.
- Não lubrificáveis.

Ambos os tipos podem novamente ser subdivididos em:

a. **Acoplamento rígido**

É aquele cuja construção não permite outra função além de unir dois eixos, sendo necessário que eles estejam perfeitamente alinhados para que os mancais não sofram grandes esforços.

b. Acoplamento flexível

É aquele cuja construção permite outras funções alem de unir eixos, tais como desalinhamento, desnivelamento, torções e amortecimento, desde que os mesmos não ultrapassem seus limites pré-estabelecidos.

c. Acoplamento hidráulico

É aquele cuja construção permite outras funções alem de unir eixos, tais como partidas suaves e sem choques, torque limitado e absorção de sobrecarga.

INSPEÇÕES E ANÁLISES TÉCNICAS DOS COMPONENTES E EQUIPAMENTOS | 57

Os acoplamentos são elementos de máquinas que também necessitam de uma atenção especial dos inspetores de manutenção industrial por serem de extrema importância para o perfeito funcionamento das maquinas em operação.

Para que o inspetor possa garantir a confiabilidade das operações dos equipamentos, é necessário que ele utilize seus sentidos para verificação e análise do desempenho dos acoplamentos.

Seguem abaixo alguns tópicos que devem ser observados para verificação e acompanhamento da performance dos acoplamentos.

a) Elementos elásticos

- ❏ Escurecimento do elemento elástico - indica ataque superficial ao poliuretano.

- ❏ Endurecimento superficial do elemento elástico - caso ocorra endurecimento do poliuretano, o elemento perderá sua função elástica e terá sua vida útil reduzida.

- ❏ Trincas superficiais - indicam que o elemento está sofrendo ataque do ambiente, que pode ser calor excessivo ou produto químico. Estas trincas normalmente aparecem em toda a superfície do elemento (hidrólise).

- ❏ Deformação permanente do elemento elástico - os elementos elásticos sofrem uma deformação elástica normal durante o funcionamento, porém ela poderá se tornar permanente após longo tempo de uso.

❏ Trincas profundas próximas à sapata metálica - indicam que o elemento sofreu esforços de fadiga e deve ser substituído o mais rápido possível. Estas trincas aparecem após longo tempo de uso ou após choques alternados, vibração excessiva, cavitação em bombas ou outros esforços cíclicos.

❏ Trincas profundas na região alta do elemento - aparecem após grandes choques oriundos de sobrecargas ou subdimensionamento do acoplamento. O elemento deve ser substituído o mais rápido possível.

b) Fixação

❏ Afrouxamento - verificar se os parafusos e porcas se encontram devidamente apertados e ajustados.

❏ Oxidação - em caso de oxidação excessiva, os parafusos devem ser substituídos o mais rápido possível.

c)'Desalinhamento

❏ Desalinhamento Paralelo → ocorre quando o eixo de rotação entre os dois veios é paralelo.

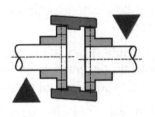

Desalinhamento paralelo

❏ Desalinhamento Angular → ocorre quando o eixo de rotação de dois veios forma um ângulo.

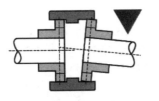

Desalinhamento angular

- Desalinhamento Combinado → este tipo de desalinhamento é uma combinação entre o paralelo e o angular.

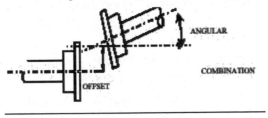

Desalinhamento combinado

Obs.: Para a correção de todo e qualquer tipo de desalinhamento, é necessário verificar e corrigir o espaçamento entre os cubos do acoplamento, o qual varia de acordo com os diâmetros dos eixos e tamanho do acoplamento. Vide manual do fabricante.

d) Lubrificação

- Falta de lubrificação → neste caso, os componentes metálicos dos acoplamentos podem estar sujeitos a oxidação por falta de lubrificação, o que pode ocasionar ruídos excessivos por atritos entre as partes metálicas, além do aparecimento de limalhas de aço provenientes deste atrito.
- Excesso de lubrificação → neste caso, podem ocorrer vazamentos pelas vedações; visualmente, o inspetor perceberá uma sujeira significativa em volta do acoplamento.

e) Estrutura

❑ Amassamento dos cubos → cubos amassados ou entortados podem ser provenientes de impactos durante o processo de funcionamento ou batidas bruscas durante a instalação, ocasionando uma falha de montagem.

❑ Empeno dos cubos → Possivelmente ocorre em função de operações em ambientes expostos a alta temperatura, causando deformações na estrutura mecânica do material do cubo do acoplamento.

❑ Dentes de engrenagens quebrados → devido ao atrito gerado em função da falta de lubrificação ou esforços excessivos, sobrecargas.

❑ Elementos elásticos danificados → equipamento trabalhando com desalinhamentos excessivos.

❑ Vibração excessiva do conjunto → desalinhamento excessivo ou falta de lubrificação.

❑ Ruído durante o processo → atrito entre os componentes, falta de lubrificação.

7.4. CORRENTES

7.4.1. Conceito

Correntes são dispositivos altamente eficientes e versáteis para transmitir potência mecânica. Existem vários tipos de correntes na indústria, conforme mostram as figuras abaixo.

Modelos de correntes

A vida útil é diretamente afetada pela dureza dos componentes de desgaste e interferência controlada da sua montagem. As correntes são tratadas para produzir as superfícies de desgaste de maior dureza possível, e ainda assim fornecer a resistência necessária para suportar as cargas de tração e de impacto.

Materiais, tratamento térmico e montagem correta garantem o alto desempenho dos produtos, reconhecidos mundialmente.

A furação das placas permite a distribuição uniforme das cargas e interferência controlada. Durante a fabricação, é realizada uma análise de elementos finitos para determinar o nível de controle das interferências.

Materiais e tratamento térmico específicos para cada aplicação e interferência correta entre os componentes.

A inspeção de correntes é de grande importância para garantir a segurança dos usuários e das cargas a serem transportadas.

Sua metodologia abrange desde o recebimento do material até sua aplicação final.

a. Inspeção visual diária

O usuário deve, a cada dia de trabalho, verificar todas as partes visíveis das correntes em operação com o intuito de detectar sinais de deterioração e desgaste.

b. Inspeção periódica

A inspeção periódica deve ser executada por uma pessoa treinada e preparada para tal finalidade (inspetor de manutenção industrial), e deve ser realizada única e exclusivamente aplicando o sentido da visão, com o auxílio de alguns instrumentos de medição.

Inspeção em correntes

Sua frequência pode ser estabelecida por:

a) Os requisitos previstos em lei nacional;
b) O tipo de equipamento e as condições ambientais às quais está exposto;
c) Resultados de inspeções anteriores;
d) Tempo de serviço das correntes.

Obs.: Caso a corrente esteja próxima do período de troca, deve-se reduzir o intervalo de tempo entre as inspeções.

c. Inspeção em correntes

As correntes devem ser verificadas por meio de inspeções completas em intervalos de, no mínimo, seis em seis meses ou com mais frequência, dependendo de suas condições de uso e do ambiente a que estão expostas.

Para a realização de uma inspeção de qualidade, deve-se inicialmente limpar as correntes com um pano apropriado, a fim de serem retiradas todas as partículas de sujeira presentes no material.

Todos os métodos de limpeza que não afetam o material-base são aceitáveis. Métodos que causam fragilização das correntes por hidrogênio ou superaquecimento não são permitidos, além dos métodos que removem ou danifiquem o metal-base.

A figura abaixo mostra a distribuição de esforços em um elo e pode servir de guia para a verificação de desgastes e danos.

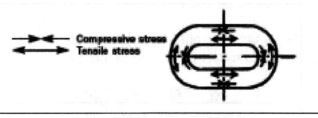

Distribuição de esforços do elo

A distribuição de esforços em um elo é muito favorável. Os esforços de tração são muito importantes para a resistência das correntes. Eles estão concentrados nas áreas mais protegidas do elo, na parte externa do elo curto e na parte interna do elo longo.

Os esforços de compressão são relativamente inofensivos e distribuídos em outra posição, por exemplo, onde o desgaste do elo é máximo. Neste ponto o elo pode desgastar significativamente sem o efeito significativo sobre a resistência da corrente.

Levando em consideração a distribuição de esforços, podemos observar alguns exemplos de desgastes ou danos.

As correntes devem ser substituídas quando houver:

a) Trincas e cavidades. Nenhuma trinca ou fissura deve ser permitida.

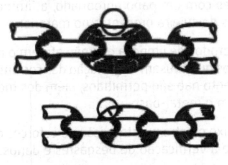

b) Deformação → uma corrente torna-se torcida permanentemente quando sofre uma sobrecarga estando torcida.

c) Desgaste → apresentar redução média de 10% em relação ao diâmetro nominal. O fator de serviço da corrente é calculado para admitir até uma dimensão de 90% do diâmetro nominal (dn).

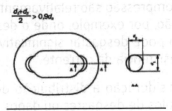

A corrente deve ser afrouxada e os elos girados para permitir a inspeção nas áreas de contato de cada elo.

d) Alongamento – nenhum tipo de alongamento deve ser permitido.

e) Exposição a serviços sobrecarregados.

f) Exposição a temperaturas excessivas.

7.5. EIXOS CARDANS

7.5.1. CONCEITO

A função básica do eixo cardan é transmitir a energia gerada pelo motor para o eixo diferencial e, por sua vez, o eixo diferencial irá transferir esta energia recebida do eixo cardan para o corpo girante.

Nas extremidades desse tubo existem conexões chamadas de juntas universais, onde estão as cruzetas, que dão aos cardans a capacidade de transmitir força do motor para o eixo em diferentes ângulos.

Além de transmitir a força em ângulo permitido pelas juntas universais, o cardan também precisa ter a capacidade de se encolher e expandir, conforme a oscilação vertical do eixo. O conjunto de luvas e ponteiras (ou pontuvas e luveiras) localizado no meio do cardan é que permite este movimento.

A construção deste equipamento é feita de forma simétrica, permitindo sua instalação em qualquer sentido de rotação (deve-se levar em consideração as flechas marcadas no mesmo).

Eixo cardan

Montagem do eixo cardan

As cruzetas são responsáveis por transmitir a força de dois eixos em ângulos e por permitir que o cardan transmita a força da caixa de câmbio para o diferencial, pois a caixa de câmbio está em nível acima do eixo diferencial.

Sua fixação se dá por anéis-trava ou braçadeiras, dependendo do seu tipo de aplicação. As cruzetas se unem ao cardan por meio de garfos e flanges ou garfos e terminais. O conjunto formado por estes componentes mais a cruzeta é chamado de junta universal.

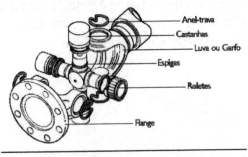

Detalhes da cruzeta

Para eixo que trabalha em período de 24 horas, deve-se realizar a inspeção sensitiva de todos os componentes. Para este regime, sugere--se a inspeção em períodos pré-determinados de acordo com o ciclo de produção.

A inspeção deve abranger os seguintes aspectos:

a) Verificação de ruídos - qualquer alteração no funcionamento normal do eixo indicará algum tipo de ruído, que deve ser identificado e rapidamente corrigido para evitar danos ao conjunto cardan.

b) Avaliação de folgas - no período recomendado é importante examinar possíveis folgas, analisar copinho-olhal, flange, acoplamento, parafusos e porcas e, principalmente, ponteira-luva.

c) Afrouxamento dos parafusos e flanges - verificar a fixação dos parafusos e dos flanges do eixo cardan.

d) Condição da capa de proteção e pintura - a capa de proteção existente em cada extremidade não deve apresentar cortes, rachaduras ou má fixação, pois protege todo o sistema de funcionamento da cruzeta. A pintura deve estar sem falhas, bolhas ou riscos, deve-se fazer a manutenção preventiva para evitar o aparecimento de pontos de corrosão.

e) Condição da Lubrificação - os pontos de lubrificação deverão ser relubrificados até que a graxa purgue pelos anéis, vedações ou respiros. Cruzetas e luvas deverão ser as peças principais de lubrificação.

f) Vibrações - as vibrações estão associadas a inúmeras causas, dentre as quais destacam-se as seguintes:

❑ desalinhamento do eixo cardan;

❑ rotação fora do especificado em projeto;

❑ desbalanceamento dinâmico;

❑ picos de tensão no funcionamento.

No surgimento de qualquer um destes problemas, as vibrações no conjunto eixo cardan serão excessivas.

Neste caso, é necessário parar o equipamento para que se possa fazer uma análise ou até mesmo uma manutenção preventiva no conjunto, a fim de atenuar vibrações.

7.5.2. Efeitos e Causas

Efeito 1:
❏ Cruzeta fundida

Causa 1
❏ Falta de lubrificação ou lubrificante incorreto.

Efeito 2
❏ Cruzetas com munhões, capas dos roletes ou castanhas marcadas com sulcos.

Causa 2
❏ Roletes trabalhando em condições impróprias, torque excessivo, ponteira deslizante travada.

Efeito 3

❏ Descamação → perda de material do topo dos munhões ou na capa dos roletes.

Causa 3

❏ Lubrificação incorreta.

Efeito 4

❏ Torção do cardan.

Causa 4

❏ Torque excessivo aplicado no cardan, causado provavelmente por uma sobrecarga do conjunto.

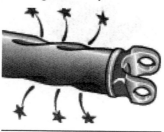

Efeito 5

❏ Fraturas na cruzeta.

Causa 5

❑ Trancos e esforços excessivos. O excesso de torque é causado provavelmente por uma sobrecarga do conjunto.

Efeito 6

❑ Fratura no flange.

Causa 6

❑ Trancos e esforços excessivos. O excesso de torque é causado provavelmente por uma sobrecarga do conjunto.

Efeito 7

❑ Fratura na ponteira.

Causa 7

❑ Trancos e esforços excessivos. O excesso de torque é causado provavelmente por uma sobrecarga do conjunto.

INSPEÇÕES E ANÁLISES TÉCNICAS DOS COMPONENTES E EQUIPAMENTOS | 71

7.6. CORREIAS

7.6.1. CONCEITO

Correia consiste em uma cinta de borracha e tecido esticada em torno de duas polias e transmite energia rotacional de uma para outra.

Abaixo destacamos os dois tipos mais comuns de correias:

a) Correia em V (lisa ou dentada).

b) Correia Plana

As correias, inevitavelmente, sofrem esforços durante todo o tempo em que estiverem operando, pois estão sujeitas às forças de atrito e de tração. As forças de atrito geram calor e desgaste e as forças de tração produzem alongamentos que as lasseiams. Além desses dois fatores, as correias estão sujeitas às condições do meio ambiente, como umidade, poeira, resíduos e substâncias químicas, que podem agredi-las.

Para garantir a eficiência do desempenho das correias, o inspetor de manutenção industrial deverá avaliar algumas condições de funcionamento ou desgastes, tais como:

7.6.2. Condição das Correias

❑ Rachaduras - as causas mais comuns deste dano são altas temperaturas, polias com diâmetros incompatíveis, deslizamento durante a transmissão, que provoca o aquecimento, e poeira. As rachaduras reduzem a tensão das correias e, consequentemente, a sua eficiência.

7.6.3. Temperatura das Correias

❑ Fragilização - as causas da fragilização de uma correia são múltiplas, porém, o excesso de calor é uma das principais. De fato, sendo vulcanizadas, as correias industriais suportam temperaturas compreendidas entre 60°C e 70°C, sem que seus materiais de construção sejam afetados; contudo, temperaturas acima desses limites diminuem sua vida útil. Correias submetidas a temperaturas superiores a 70°C começam a apresentar um aspecto pastoso e pegajoso.

INSPEÇÕES E ANÁLISES TÉCNICAS DOS COMPONENTES E EQUIPAMENTOS | 73

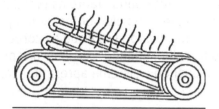

7.6.4. Desgaste das Correias

❏ Desfiamento das paredes laterais - indicam derrapagens constantes e os motivos podem ser sujeira excessiva, polias com canais irregulares ou falta de tensão nas correias. Materiais estranhos entre a correia e a polia podem ocasionar a quebra ou o desgaste excessivo. A contaminação por óleo também pode acelerar a deterioração da correia.

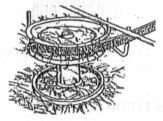

7.6.5. Vibração das Correias

❏ Alinhamento do sistema; canais das polias gastos e vibrações excessivas. Em sistemas desalinhados, normalmente, as correias se viram nos canais das polias. O emprego de polias com canais mais profundos é uma solução para minimizar o excesso de vibrações.

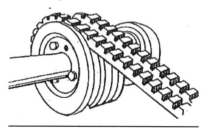

Outro fator que causa danos tanto às correias quanto às polias é o desligamento entre esses dois elementos de máquinas. Os danos surgem nas seguintes situações: toda vez que as correias estiverem gastas e deformadas pelo trabalho; quando os canais das polias estiverem desgastados pelo uso e quando o sistema apresentar correias de diferentes fabricantes.

Os danos poderão ser sanados com a eliminação do fator que estiver prejudicando o sistema de transmissão, ou seja, as polias ou o jogo de correias.

É possível resumir os danos que as correias podem sofrer tabelando os problemas e suas causas prováveis.

7.6.6. Tensão das Correias

a) Correia plana.

Para as correias planas utiliza-se um esticador para manter a tensão das correias de acordo com as necessidades de cada aplicação, mantendo--as esticadas ou folgadas.

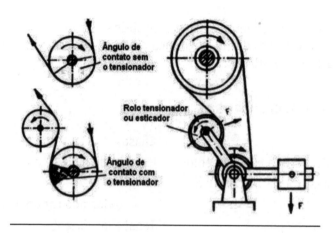

b) Correia em V.

A tensão nas correias deve ser ajustada de acordo com o manual da máquina ou do fabricante das correias. Na falta destes usa-se o processo que indica a deflexão (D_f) da correia de acordo com a força aplicada (F), tipo de correia, distância entre centros (E).

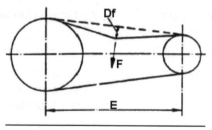

Porém, para uma regra geral utiliza-se a seguinte regra para garantir o correto tensionamento da correia:

A deflexão da correia deverá ser 1,6% do comprimento do vão (E).

a) Meça o comprimento do vão E.

b) No centro do vão E aplique uma força F (perpendicular ao vão) suficiente para defletir a correia em 1/64% para cada polegada de comprimento do vão, ou seja, a deflexão Df deve ser de 1,6% do vão.

Obs.: se acidentalmente a correia raspar na estrutura do transportador e soltar fiapos do tecido, nunca cortar arrancando, usar tesoura com a correia PARADA.

7.6.7. Efeitos e Causas

Efeitos	Causas
Perda da cobertura e inchamento	Excesso de óleo
RachadurasExposição ao tempo	
Cortes	Contato forçado contra estrutura
Derrapagem na polia	Tensão insuficiente
Derrapagens constantes	Sujeira excessiva
Cortes laterais	Polia fora dos padrões
Rompimento	Cargas momentâneas, excessivas; material estranho
Deslizamento	Polias desalinhadas; polias, gastas
Vibração excessiva	Correias frouxas, desalinhamento
Endurecimento e rachaduras prematuras	Ambiente com altas temperaturas
Correias com squeal (chiado)	Cargas momentâneas excessivas
Alongamento excessivo	Polias gastas; tensão excessiva, sistema insuficiente (quantidades de correias; tamanhos)
Vibração excessiva	Tensão insuficiente; cordonéis danificados
Correias muito longas ou muito curtas	Correias erradas; sistema incorreto, esticador insuficiente.
Jogo de correias malfeito na instalação.	Polias gastas; mistura de correias novas com velhas; polias sem paralelismo, correias desiguais.

7.7. POLIAS

7.7.1. Conceito

Polias são elementos mecânicos circulares, com ou sem canais periféricos, acopladas a eixos motores e movidas por máquinas e equipamentos. Para uma polia funcionar é necessária a presença de vínculos chamados correias ou cabos.

Há vários tipos de polias e, para cada tipo, existe uma correia ou cabo que se acopla perfeitamente a elas. A transmissão de potência no conjunto só se verifica possível em decorrência do atrito existente entre polia e correia ou cabo.

Para se obter este atrito, deve-se montar o conjunto com uma tensão inicial que comprimirá a correia ou cabo sobre a polia de maneira uniforme. Em sua forma mais simples a transmissão por correias ou é composta por um par de polias, uma motriz (fixada ao eixo do motor) e outra conduzida ou movida, e uma ou mais correias ou cabos.

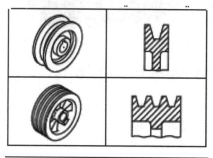

As polias devem ter uma construção rigorosa quanto à concentricidade dos diâmetros externos e do furo, quanto à perpendicularidade entre as faces de apoio e os eixos dos flancos e quanto ao balanceamento, para que não provoquem danos nos mancais e eixos.

Para funcionarem adequadamente, as polias não devem apresentar desgastes nos canais, bordas trincadas, amassadas, oxidadas ou com porosidade, além de ter os canais livres de sujeiras e corretamente dimensionados para receber as correias ou cabos.

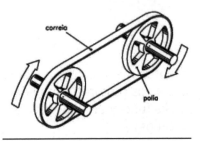

O inspetor de manutenção é responsável por verificar e garantir o perfeito funcionamento das polias utilizando seus sentidos e algumas ferramentas para verificação.

7.7.2. Critérios para Inspeção

Assim como os cabos de aço e correias, a polia deve ser periodicamente inspecionada, afim de que a sua substituição seja determinada sem que o seu estado chegue a comprometer o funcionamento do equipamento como um todo.

As polias apresentam um desgaste natural em função do atrito com o cabo ou correias, esse desgaste é previsto, variável conforme a velocidade, quantidade de cabos e correias, ou seja, uma distribuição mais uniforme dos esforços e pressão de contato, dureza do material da polia, tipo de suspensão (direta ou duplo tiro), tipo do canal da polia (em V ou em U) etc.

Critério de Análise: Para inspeção de uma polia de tração temos basicamente dois critérios principais a serem avaliados:

1º Critério: Desgaste dos canais/ranhura da polia (ou desgaste superficial);

2º Critério: Avaliar o "deslize" relativo entre cabo/polia e correia/polia.

As polias de tração apresentam um desgaste natural em função do atrito com o cabo ou correia. Esse desgaste é previsto, porém, um desgaste maior pode ocasionar o deslize entre polia e cabo ou correia (indicando o fim da vida útil).

Por questões de segurança, para polias com tração direta - canal em forma de "V" ou com pressão lateral - a "folga" entre o cabo de tração e o fundo do canal da polia deve ser maior que 3 mm, visando possibilitar tempo hábil para a constatação do desgaste e a posterior troca dos componentes. Esta "folga" pode ser verificada com auxílio de um gabarito.

A intensidade de desgaste da polia pode variar conforme a dureza superficial da polia, tipo de material, intensidade do uso, carga da cabina e equalização dos cabos ou correias de tração.

1º Critério de Análise → Desgaste dos canais/ranhura da polia

❑ Polias com tração direta na ranhura - formato em "V" ou pressão lateral: No canal/ranhura destas polias, o cabo de tração possui uma aderência com a polia de tração, a qual é obtida pelo atrito provocado pelas paredes laterais da ranhura (sistema de encunhamento) com o cabo, entretanto, se o cabo encostar no fundo do canal, este perde a tensão contra as paredes, reduzindo o atrito e podendo provocar deslize relativo entre o cabo e a polia. Com um gabarito apropriado (conforme figura anterior), que simula o diâmetro do cabo de tração e a folga de 3 mm, é verificado se a folga entre o cabo de tração e o fundo do canal é superior a 3 mm.

Correias não devem ultrapassar a linha do diâmetro externo da polia e nem tocar no fundo da canal, o que anularia o efeito de cunha.

Errado   Certo

Obs.: Recomenda-se folga de 3 mm porque é uma situação que permite tempo hábil para que seja providenciada a troca da polia de forma preventiva. Quando o cabo ou correia estiver "encostando" no fundo do canal da polia, deve ser efetuada a substituição imediata.

- ❏ Polias com tração indireta (dupla laçada dos cabos na polia): Nestes casos, o cabo de tração possui contato com toda a superfície do canal, não possuindo esforço lateral, sendo a aderência entre o cabo e a polia garantida através da tensão e duplo enrolamento do cabo na superfície da polia, devendo o inspetor utilizar gabarito de análise específico para verificar o desgaste das ranhuras.

2º Critério: Avaliar o "deslize" relativo entre cabo e polia

- ❏ O inspetor deve avaliar o "deslize" relativo entre o cabo e a polia de tração durante o deslocamento da cabina. Este deslize é previsto, porém deve ser limitado conforme o tipo de funcionamento, sendo considerados aceitáveis valores de 10 cm a 20 cm para cada viagem (subida e descida) em todo o seu curso.

Outros fatores também devem ser considerados na inspeção de polia, pois influenciam o funcionamento e a segurança do equipamento. São eles:

a) Desgaste irregular dos canais da polia;
b) Ruído irregular;
c) Deslize relativo da polia;
d) Desgaste acentuado – desprendimento de limalha de ferro;
e) Aquecimento da polia;
f) Vibração irregular;
g) Dureza superficial da polia de tração.

A análise da necessidade de substituição da polia deve ser realizada com base em uma inspeção do equipamento, considerando os critérios propostos e os diversos fatores que podem influenciar o seu funcionamento.

7.8. VEDAÇÕES

7.8.1. Conceito

Vedação é o processo usado para impedir a passagem de maneira estática ou dinâmica de líquidos, gases e partículas sólidas de um meio para outro. Podemos citar alguns exemplos de vedações e aplicações, como:

a. Juntas em partes estáticas (ex.: flanges e carcaças).

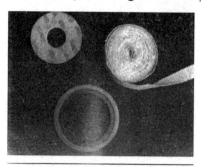

b. Anéis elastoméricos em partes estáticas e dinâmicas de equipamentos (ex.: flanges e anéis em selos mecânicos).

c. Retentores em partes dinâmicas de máquinas e equipamentos (ex.: labiais para vedar lubrificante em mancais de bombas).

d. Gaxetas: elementos mecânicos utilizados para frear o fluxo total ou parcial.

e. Selos mecânicos: elementos utilizados para frear o fluxo total.

| Selo Cartucho | Selo não cartucho |

Para cada tipo de vedação, existe uma gama significativa de materiais diversos aos quais são adequados a cada aplicação necessária.

Para o inspetor de manutenção industrial acompanhar a eficiência dos sistemas de vedação, basicamente o quesito que ele necessita acompanhar é a condição da vedação dos componentes, a fim de garantir que não haja vazamento de líquidos ou gases.

Partindo do principio da inexistência do "vazamento zero", se uma vedação está ou não com vazamento depende muito do método de medição ou do critério utilizado.

Em certas aplicações, o índice de vazamento máximo pode ser, por exemplo, até uma gota de líquido por segundo. Em outras, pode ser o não aparecimento de bolhas de sabão quando o equipamento estiver submetido a uma determinada pressão.

Condições mais rigorosas podem até exigir testes com espectômetros de massa.

Vazamento é um conceito relativo e, em situações críticas, deve ser criteriosamente estabelecido.

84 | Manual Básico para Inspetor de Manutenção Industrial

Para inspeção de vazamentos admissíveis, deve-se levar em considerações os seguintes tópicos:

a) Fluido a ser vedado.
b) Impacto para o meio ambiente.
c) Risco de incêndio ou explosão.
d) Limites de emissões fugitivas.
e) Outros fatores relevantes para cada situação.

7.8.2. Causas de Vazamentos

Uma das formas mais eficientes de determinação das causas de vazamentos é uma cuidadosa análise da vedação que ora estava instalada. Abaixo seguem alguns exemplos de falhas obtidas em aplicações do dia a dia e suas respectivas causas.

a. Aperto insuficiente.

O aperto insuficiente é uma das maiores causas de vazamentos ou falha catastrófica de uma vedação. Os motivos podem ser o torque inadequado, a falta de lubrificação ou a fixação inadequada.

b. Aperto excessivo.

O aperto excessivo também pode ser uma das grandes fontes de vazamento. O aperto sem controle pode exercer elevadas forças de esmagamento durante a instalação, o que causa inúmeras falhas nas vedações.

c. Ataque químico.

O material da vedação deve ser quimicamente compatível com o fluido a ser vedado.

INSPEÇÕES E ANÁLISES TÉCNICAS DOS COMPONENTES E EQUIPAMENTOS | 85

d. Oxidação.

O material da vedação pode sofre oxidação em contato com o oxigênio. Para minimizar estas falhas, é necessário que o material possua um inibidor de oxidação em sua composição química.

e. Descentralização.

Especialmente com vedações não metálicas é necessária muita atenção para não instalar a junta descentralizada no seu alojamento.

f. Acabamento inadequado.

Existe um acabamento adequado para cada tipo de vedação: alguns necessitam de ranhuras, outros de porosidade, outros de polimento, entre diversas necessidades para cada aplicação.

g. Uso de agentes de fixação.

O uso de agentes de fixação pode interferir no esmagamento correto da vedação.

h. Flambagem das juntas.

As juntas podem flambar com apertos excessivos ou com altas pressões, porém, em alguns casos recomenda-se o uso de anel interno.

i. Falta de fixação.

Uma das falhas muito comuns é a instalação com deficiência de fixadores especificados.

j. Causas múltiplas.

As diversas causas mostradas nos itens acima podem estar combinadas em uma única montagem.

Obs.: É comum os retentores com lábios e molas de ajustagem perderem suas funções por conta do afrouxamento das molas.

Quando isto acontece, a detecção se dá em função da percepção de vazamentos pela vedação no eixo.

Na grande maioria dos casos este retentor é substituído e descartado. Isso acontece devido à falta de conhecimento de alguns profissionais, pois este mesmo retentor ainda possui uma vida útil duradoura, já que a mola que apresenta este afrouxamento ainda pode ser muito utilizada, bastando apenas seguir o procedimento abaixo:

a. Retirar a mola.

b. Desenroscar o ponto de união.

c. Cortar a mola, reduzindo seu tamanho.

d. Enroscar novamente o ponto de união.

e. Montar a mola na cavidade do retentor.

Seguindo estes passos, o retentor está pronto para ser utilizado novamente com a mesma eficiência de uma peça nova.

Deve-se prestar muita atenção para não reduzir demais o cumprimento da mola, pois caso ela fique muito justa, irá forçar o retentor sobre o eixo, o que pode causar rompimento definitivo do retentor e desgaste excessivo e prematuro do eixo.

7.9. BUCHAS

7.9.1. CONCEITO

Não se sabe quem inventou a roda. Supõe-se que a primeira roda tenha sido um tronco cortado em sentido transversal.

Com a invenção da roda, surgiu, logo depois, o eixo. O movimento rotativo entre as rodas e os eixos ocasiona problema de atrito que, por sua vez, causa desgaste tanto dos eixos como das rodas.

Para evitar esse problema nas rodas modernas, surgiu a ideia de se colocar um anel de metal entre o eixo e a roda, chamado de bucha.

Muitos aparelhos possuem buchas em seus mecanismos como, por exemplo, o liquidificador, o espremedor de frutas e o ventilador.

As buchas são elementos de máquinas de forma cilíndrica ou cônica. Servem para apoiar eixos e guiar brocas e alargadores. Nos casos em que o eixo desliza dentro da bucha, deve haver lubrificação.

Podem ser fabricadas de metal antifricção ou de materiais plásticos, tais como aço, cobre, bronze, latão, plástico, orkot, ferro fundido, poliuretano, polietileno, polipropileno, entre outros. Normalmente, a bucha deve ser fabricada com material menos duro que o do eixo.

Bucha com ranhura de lubrificação

Durante a utilização de uma bucha, o inspetor de manutenção industrial deve observar os seguintes itens:
   a) Lubrificação → as buchas devem estar sempre lubrificadas para melhorar a fricção e o deslizamento entre os componentes.

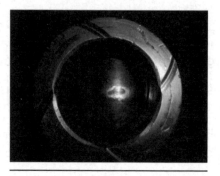
Bucha com ranhura de lubrificação

b) Desgaste –as folgas entre as partes precisam ser observadas, pois devem garantir a perfeita excentricidade do eixo durante sua rotação. Devem-se observar também as abas das buchas, onde pode ocorrer assentamento de material devido ao arraste por fricção.

Bucha com desgaste no anel interno

Ao menor sinal de desgaste, as buchas devem ser substituídas para garantir o perfeito funcionamento dos componentes e equipamentos. O reflexo que indica visualmente que uma bucha apresenta desgaste é a folga gerada entre ela e o eixo, o que pode ser verificado visualmente, pelo tato ou pelo ruído diferenciado do normal.

7.10. MANGUEIRAS

7.10.1. Conceito

As mangueiras são dispositivos desenvolvidos para transportar os fluidos de um local ao outro e também para transmitir força de movimento por meio de compressão do fluido. As mangueiras são construídas com um coeficiente de segurança de 4:1 entre a pressão mínima de arrebentamento e a pressão de trabalho. A pressão de trabalho e o diâmetro nominal são sempre marcados na mangueira, à exceção das de malha de aço exterior.

As montagens que não cumprirem uma geometria adequada podem reduzir significativamente a vida útil da mangueira. Do mesmo modo, a utilização de mangueiras mal dimensionadas ou em sistemas cujo funcionamento excede as especificações pode reduzir drasticamente a sua vida útil.

Um mau funcionamento da mangueira pode ser perigoso e expor pessoas e bens a danos irreversíveis. Entre outras ocorrências, é necessário prevenira projeção de fluido a alta velocidade e alta temperatura, a projeção de terminais ou suas partes, o chicoteamento da mangueira, o derrame ou a deflagração do fluido, choques elétricos por contato com fontes elétricas, imobilização, queda ou movimento súbito de massas comandadas pelo sistema.

Deve ser evitada sempre a reutilização de materiais, uma vez que o grau de envelhecimento por fadiga é desconhecido e materiais visualmente conformes podem estar perto do limite de vida útil. As normas europeias proíbem, por essa razão, o reaproveitamento de mangueiras. O reaproveitamento de terminais deve igualmente ser encarado com a maior reserva, quer porque a vedação estará gasta, quer porque a sua resistência será deficiente. A montagem da mangueira requer que sejam cuidadosamente seguidas as especificações próprias.

Abaixo, alguns exemplos de montagem das mangueiras.

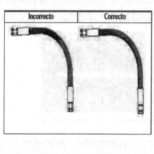
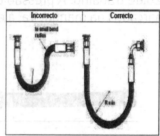
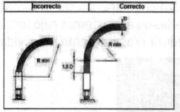
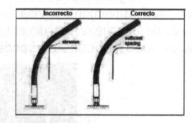
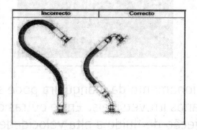

INSPEÇÕES E ANÁLISES TÉCNICAS DOS COMPONENTES E EQUIPAMENTOS | 91

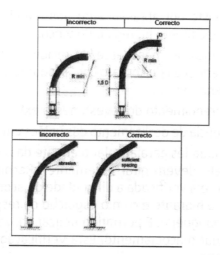

Durante a inspeção das mangueiras, devem ser verificados os itens abaixo:

a) Comprimento da mangueira: é de suma importância para garantir o alcance e a área de cobertura originalmente projetados. De uma forma geral, após a inspeção, somente deverão retornar para uso as mangueiras que apresentarem comprimento até 2% inferior em relação ao seu comprimento nominal.

Segue abaixo uma tabela referente às alterações das dimensões das mangueiras.

Comprimento (mm)	Variação permissível (tolerância) no comprimento (mm)	
	P/ mangueira até - 16	P/ mangueira - 20 a - 32
até 500	+ 10 - 5	+ 12 - 5
acima de 500 até 1000	+ 15 - 5	+ 20 - 8
acima de 1000 até 2000	+ 20 - 10	+ 25 - 10
acima de 2000 até 6500	+ 1,5% - 1,0%	
acima de 6500	+ 3,0% - 1,0%	

b) Desgaste por abrasão e/ou fios rompidos na carcaça têxtil, principalmente na região do vinco.

c) Presença de manchas e/ou resíduos na superfície externa, provenientes de contato com produtos químicos ou derivados de petróleo.

d) Desprendimento do revestimento externo.

e) Evidência de deslizamento das uniões em relação à mangueira.

f) Dificuldades para acoplar o engate das uniões (os flanges de engate devem girar livremente). Recomenda-se que também seja verificada a dificuldade de acoplamento das uniões com o hidrante e com o esguicho da respectiva caixa/abrigo de mangueira. É permitido utilizar chave de mangueira para efetuar o acoplamento. Esta verificação pode ser feita pelo usuário.

g) Deformações nas uniões provenientes de quedas, golpes ou arraste.

h) Ausência de vedação de borracha nos engates das uniões ou vedação que apresente ressecamento, fendimento ou corte.

i) Pressão → deve ser menor ou igual à pressão de trabalho da mangueira, nunca superior.

j) Temperatura → deve estar sempre inferior à temperatura especificado para a mangueira segundo a norma de fabricação.

k) Vazamento → a mangueira deve estar sempre isenta de qualquer tipo de vazamento.

l) Ausência de marcação conforme a NBR 11861.

Caso apresente qualquer das irregularidades descritas acima, a mangueira deve ser substituída imediatamente.

7.11. FILTROS

7.11.1. CONCEITO

A função de um filtro é remover impurezas do fluido. Isto é feito forçando o fluxo do fluido a passar pelo elemento filtrante que retém a contaminação. Os elementos filtrantes são divididos em tipos de profundidade e de superfície.

Existem inúmeros tipos de filtros, tais como:
- a) Filtros hidráulicos.
- b) Filtros de ar.
- c) Filtros manga.
- d) Filtros coalescentes.
- e) Outros.

Todos os fluidos contêm certa quantidade de contaminantes. A maioria dos casos de mau funcionamento de componentes e sistemas é causada por contaminação. As partículas de sujeira podem fazer com que máquinas caras e grandes falhem.

- a) O fluído possui quatro funções:
- b) Transmissão de energia;
- c) Lubrificação de peças que estão em movimento;
- d) Transferência de calor;
- e) Vedação das folgas entre peças em movimento.

A contaminação causa problemas nos sistemas porque interfere em três funções do fluido:

- a) Interfere com a transmissão de energia vedando pequenos orifícios nos componentes. Nesta condição, a ação dos elementos é imprevisível, improdutiva e também insegura.
- b) As partículas contaminantes interferem no resfriamento do líquido, por formar um sedimento que torna difícil a transferência de calor para as paredes do reservatório.

c) Provavelmente, o maior problema com a contaminação num sistema é que ela interfere na lubrificação.

A falta de lubrificação causa desgaste excessivo, resposta lenta, operações não sequenciadas e falha prematura do componente.

Os elementos do filtro precisam ser trocados quando o filtro estiver saturado. Para isso, o inspetor de manutenção deve observar os seguintes itens:

a) O diferencial de pressão do ambiente no qual os filtros estão instalados.

b) A temperatura da tubulação antes e depois do filtro, pois elas devem ser distintas.

c) O indicador de sujidade do filtro cujo dispositivo indica o grau de saturação dos filtros.

d) Os vazamentos dos filtros.

e) A condição de limpeza dos filtros.

f) A condição física do elemento, pois o mesmo não deve apresentar deformações, rupturas nem manchas.

g) A fixação dos filtros e elementos.

A eficiência do filtro é medida pelo percentual de contaminantes de um tamanho de partículas específico por ele capturadas. É um ponto importante, pois afeta não somente o desempenho de retenção de contaminante, mas também a vida útil do filtro (maior eficiência requer maior capacidade de retenção de contaminantes).

Filtros Hidráulicos

Filtros manga

Filtro de Ar

Filtros coalescentes

7.12. LÂMINAS

7.12.1. Conceito

Lamina é a parte afiada de um instrumento cortante, geralmente de material duro, capaz de causar lesões cortantes.

Considera-se uma lâmina, na acepção dos instrumentos de corte, como qualquer pedaço de metal ou de outra matéria dura, extremamente delgado e chato, destinado a fins e usos diversos, geralmente para a cortar, furar, talhar ou raspar.

A rigor é um gênero dentro do qual se encontram abrangidos outros instrumentos cortantes determinados, como a navalha, o navalhete, o bisturi ou a faca.

Geralmente o termo lâmina é associado aos instrumentos de corte liso, ou seja, sem serrilhas (como o serrote ou a serra-fita) ou com serrilhado de pequenas proporções (microserrilhas), como ocorrem em muitas facas.

Atualmente as lâminas de corte são confeccionadas em aços de diferentes tipos, dependendo da aplicação que será dada ao utensílio de corte.

As lâminas de corte podem ter vários formatos: quadrados, triangulares, retangulares ou cilíndricas, e podem ser paralelas, côncavas ou convexas.

Lâminas de corte

Para que seja garantida a eficiência e o perfeito trabalho de corte das lâminas, o inspetor de manutenção industrial deve sempre avaliar alguns pontos cruciais para que o corte seja de boa qualidade e a lâmina possa desempenhar corretamente suas funções.

A inspeção das lâminas deve ser bastante criteriosa, pois grande parte das falhas somente são percebidas em um estado avançado de desgaste o que reduz consideravelmente a vida útil de sua secção de corte.

O inspetor de manutenção industrial deve avaliar:
   a) A rebarba do material a ser cortado. Deve-se levar em consideração a definição do controle de qualidade do material quanto ao percentual de rebarba permitido. Em caso de excedente deste percentual, a lâmina deverá ser reajustada ou afiada.

INSPEÇÕES E ANÁLISES TÉCNICAS DOS COMPONENTES E EQUIPAMENTOS | 97

b) O gap entre as lâminas, que deve estar de acordo com os valores especificados para a espessura do material a ser cortado.

c) A existência de serrilhados durante toda a extensão das lâminas, pois ela deve estar isenta de tal deficiência.

d) O desgaste das lâminas, para garantir a inexistência de abaulamento das faces, pois diante de tal deficiência pode ocorrer o travamento das lâminas com o material.

e) A fixação das lâminas, já que, caso haja afrouxamento dos parafusos de fixação, as lâminas podem se deslocar por um percurso maior do que a folga especificada e colidir entre si, causando encavalamentoe a sua consequente ruptura ou quebra.

Mesmo quando o inspetor de manutenção industrial avalia frequentemente todos os quesitos durante sua rotina e garante o perfeito funcionamento das lâminas, deve-se manter uma rotina de afiação, pois devido ao trabalho de corte, a tendência é de que elas percam a eficiência do corte.

A frequência de afiação das lâminas varia de acordo com o regime de trabalho de cada componente. Os pontos fundamentais para determinar a necessidade de afiação são as rebarbas do material.

7.13. ROLOS

7.13.1. CONCEITOS

Os rolos industriais são rolos cilíndricos que possuem ou não um elastômero ligado a um núcleo de metal ou são formados por borracha sólida. São componentes básicos e parte integrante da produção industrial de numerosas aplicações em diversas etapas da produção e podem servir a muitos propósitos. Embora os rolos industriais sejam usados principalmente para facilitar a circulação de peças de máquinas diferentes, eles também podem ser utilizados para prestar apoio e transporte na movimentação de materiais através de uma máquina.

Rolos sem elastômero

Rolos com elastômero

As diversas aplicações que os rolos industriais podem ter são as seguintes: em qualquer tipo de máquina industrial, os rolos industriais são utilizados em vários tipos de sistemas de transporte, conversores web, prensas, máquinas de alimentação, de dobra e muitos mais.

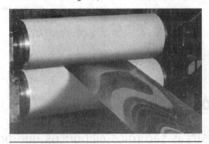

Devido à grande variedade de máquinas, os rolos industriais podem ser usados em uma extensão de aplicações, incluindo revestimento, secagem, tratamento térmico, gravação, processamento de metais, embalagem e manipulação de material a granel. Podem ser fabricados a partir de variadas borrachas sintéticas, como neoprene, poliuretano, nitrílica e até mesmo de aço, entre outros materiais.

Quando formados com um núcleo de metal, os rolos industriais normalmente têm materiais como alumínio, aço inoxidável e aço. Existem vários tipos de rolos industriais: as unidades de cilindros, rolos de guia e de transporte, dos quais os rolos de transporte são provavelmente os mais comuns.

Os rolos industriais podem ser fabricados por meio de processos de moldagem ou fundição, e às vezes, por processos de extrusão. No entanto, os processos de moldagem por injeção e por compressão são mais comumente utilizados para rolos industriais de borracha sólida.

Na moldagem por injeção, a borracha é aquecida e depois injetada na cavidade de uma divisão fechada ou câmara, que é então resfriada para formar o rolo.

Na moldagem por compressão, a borracha aquecida é colocada em um molde aquecido sob pressão extrema para atingir a forma de rolo. Em termos de extrusão, os rolos industriais são formados pelo aquecimento de borracha, em seguida, apertam a borracha derretida através de uma matriz que tem um pino ligado ao centro, que é usado para formar o interior oco do rolo.

Para rolos industriais que têm um núcleo de metal, este núcleo é geralmente formado por um processo de estamparia de metais, que é semelhante ao processo de extrusão, formando o núcleo de metal a partir do material inserido.

A parte de cima do molde conecta a prensa, enquanto a parte inferior da base da prensa se conecta ao molde. Na sequência é aplicada uma pressão que força o metal a ser extraído através da matriz e, assim, formar o rolo.

Um processo de colagem de borracha para metal é usado para formar um revestimento de borracha sobre o núcleo de metal. Neste processo a borracha é aderida a um substrato de metal através do uso de um agente de ligação.

Para que se tenha uma confiabilidade do perfeito desempenho dos rolos durante a produção, o inspetor de manutenção industrial deve acompanhar a evolução das seguintes anomalias:

a) Verificar a existência de trincas dos revestimentos dos rolos ou em seu corpo de aço.

b) Verificar a rugosidade da mesa dos rolos, que é fundamental para garantir a aderência necessária do material a ser transportado. A rugosidade deve ser a mesma determinada em projeto e a sua perda pode dificultar todo o processo de produção.

c) Verificar dureza da mesa dos rolos, que deve sempre estar dentro dos valores pré-estabelecidos em projeto.

d) Verificar a diferença de diâmetro devido ao desgaste, principalmente quando eles forem tracionados, pois pode causar diferença de velocidade periférica e ocasionar um deslizamento do rolo sobre o material a ser transportado. Assim, o diâmetro deve estar sempre próximo ao dos valores de fabricação.

e) Verificar as dimensões do coroamento, que pode ser positivo ou negativo, devendo os valores mínimos de projeto ser respeitados a fim de garantir a eficiência das coroas para manter o material centralizado.

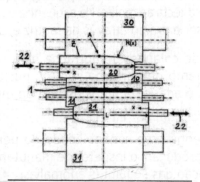

f) Verificar o desbalanceamento do rolo, que causa esforços desnecessários e prejudica a eficiência do sentido de rotação dos rolos.

g) Verificar a existência de marcas na mesa do rolo, quer seja nas superfícies metálicas ou em elastômeros.

h) Verificar a existência de desplacamento de revestimento, trincas ou rachaduras. Ao menor sinal de algum desses problemas, os rolos deverão ser substituídos.

i) Verificar a existência de trincas na base da estrutura: toda a estrutura deve permanece intacta para que se possa garantir a resistência mecânica dos rolos que, ao menor sinal de anomalias, devem ser substituídos.

j) Verificar a existência de trinca das soldas, que são pontos cruciais para a união das partes metálicas e garantem as resistências estruturais, não devendo, por isso, possuir nenhuma anormalidade.

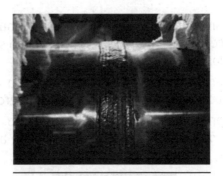

Os rolos são componentes essenciais para as indústrias que trabalham com transporte de materiais tais como siderúrgicas e papeleiras, entre outras. Assim, é indispensável que o inspetor de manutenção acompanhe cada tópico acima para garantir sua eficiência e confiabilidade dentro de toda a sistemática de inspeção determinada.

7.14 FREIOS

7.14.1. Conceito

O freio industrial enquadra-se na categoria de equipamento de suporte. Na indústria e na sociedade em geral, o freio é algo em que não se pensa muito, já que tudo geralmente se concentra em manter o equipamento em movimento. Quantas vezes já ouvimos "precisamos colocar aquele equipamento em funcionamento para ontem"? No entanto, os processos de fabricação também dependem da capacidade de se parar equipamentos em funcionamento.

Existem diversos tipos distintos de sistemas de freios industriais, tais como Eldros, freios a disco, a tambor, eletromagnéticos, hidráulicos e pneumáticos, entre outros.

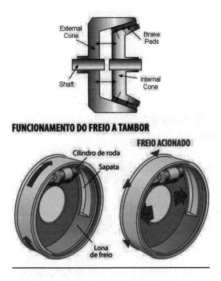

Os freios são compostos de uma forma macro por três partes: tambor ou disco, sapata de freio e acionador. Os acionadores podem ser mecânicos, elétricos, hidráulicos ou pneumáticos.

Para que o inspetor de manutenção possa garantir a confiabilidade de frenagem dos equipamentos, é de extrema importância que se faça uma inspeção frequente nestes componentes.

Abaixo serão informados alguns quesitos importantes ao inspetor de manutenção para cada componente do freio.

7.14.2. Tambor ou Disco

Faz-se necessário averiguar possíveis irregularidades que possam ser detectadas no tambor ou no disco, pelos seguintes procedimentos:
   a) Verificar visualmente e com o tato a existência de trincas no tambor ou disco.

TRINCAS

b) Verificar visualmente e com o tato a existência de rachaduras no tambor ou disco.

RACHADURAS

c) Verificar visualmente e com o tato a existência de sulcos no tambor ou disco.

SULCOS

d) Verificar o diâmetro ou espessura e a ovalização do tambor ou disco.

EXCESSIVAMENTE FINO

e) Verificar visualmente se o tambor ou disco não se encontra partido.

INSPEÇÕES E ANÁLISES TÉCNICAS DOS COMPONENTES E EQUIPAMENTOS | 105

PARTIDO

Os tambores ou discos que apresentarem os desgastes descritos acima deverão ser reusinados periodicamente e as irregularidades devem ser removidas.

Tambores ou discos em mau estado abreviam a vida útil das lonas. Por outro lado, só devem ser usinados até o limite de segurança recomendado pelos fabricantes.

7.14.3. Sapatas e Pastilhas

a) Verificar a existência de resíduos de graxa ou óleo nas lonas e sapatas do freio → todo o sistema de freio deve estar isento de impurezas, principalmente óleo e graxas, o que dificulta a fricção e evita o contato entre os componentes, não permitindo a correta frenagem.

b) Verificar a folga correta entre as pastilhas e os discos ou tambor → com a folga excessiva o sistema terá dificuldade de aproximar os componentes para que os mesmos executem a frenagem. Com a folga muito reduzida, as lonas de freio permanecerão em contato com os discos ou tambores, o que causará um atrito indesejado que fricciona e superaquece os componentes, gerando temperatura muito alta.

c) Verificar a correta fixação das sapatas e lonas de freio → o afrouxamento dos componentes pode causar danos, seja o aumento de temperatura dos componentes por atrito entre as partes sem o acionamento desejado, seja não realizar a frenagem quando solicitada.

d) Verificar o desgaste das sapatas e pastilhas → não permitir que as pastilhas permaneçam em funcionamento se estiverem com espessuras inferiores ao solicitado pelo fabricante. Caso contrário, não será possível garantir a frenagem quando solicitada.

e) Verificar a existência de trincas ou rachaduras nas sapatas e pastilhas → caso exista alguma anormalidade desta natureza, ambas podem se romper quando acionadas para realizarem a frenagem, o que automaticamente impedirá a sua eficiência no ato.

f) Verificar a condição visual das pastilhas → a pastilha deve manter a aparência de fragmentação de partículas, e quando estiver totalmente lisa pode estar vidrificada e não garantir seu perfeito funcionamento quando solicitado.

g) Verificar a existência de ruído no acionamento das sapatas e pastilhas → caso exista algum tipo de ruído durante o acionamento do sistema de frenagem, deve-se verificar o desgaste das pastilhas de freio, bem como a condição do material e a resistência das molas da sapata.

É importante manter a correta regulagem das lonas em relação ao tambor. Somente assim se pode garantir uma resposta rápida, uma freada eficiente e um total aproveitamento do material de atrito. A regulagem deve ser uniforme em todos os sistemas de frenagem. Desta maneira, o equipamento não tenderá a "puxar" para algum dos lados durante a frenagem e o aproveitamento será integral e homogêneo em todas as peças. Deve-se zelar para que as lonas não fiquem raspando no tambor, pois isso acarreta aumento na temperatura do freio (maior desgaste, menor eficiência), podendo chegar ao "espelhamento" ou "inchamento"(aumento de volume com eventual travamento do equipamento).

Para facilitar o trabalho, existem no mercado ajustadores que regulam, por meio de um mecanismo automático, a distância entre lonas e tambor de freio.

As lonas de freio devem ser reguladas de modo a não encostar no tambor de freio enquanto o equipamento roda livremente. Devido à possível ovalização dos tambores, decorrente do desgaste e dos esforços a que são submetidos, a vida útil do material de atrito é um fator

Inspeções e análises técnicas dos componentes e equipamentos | 107

muito importante e depende da qualidade do tipo selecionado para uma aplicação. O fator isolado que governa a durabilidade dos materiais de atrito é a temperatura. Os materiais de atrito são aglutinados por resinas orgânicas, impondo limitações na sua temperatura de utilização e, caso os freios ou embreagens sejam operados constantemente em temperaturas elevadas, o desgaste dos materiais de atrito é acelerado.

O desgaste dos materiais de atrito é necessário para que se possa assegurar a renovação da superfície de atrito. Caso contrário, chegaríamos a extremos, por outro lado, esta renovação não deve ser muito rápida, pois assim teríamos pouca durabilidade.

Às vezes, reclamações de durabilidade devem-se a outros fatores, como problemas de dimensionamento do freio (aquecimento do tambor a uma temperatura muito elevada ou condições de uso que não foram bem projetadas).

7.14.4. Acionadores

Os acionadores dos freios podem ser de origem mecânica, elétrica, eletromagnética, hidráulica e pneumática, entre outras.

a) Verificar visualmente a fixação dos acionadores, que devem sempre permanecer fixos, de forma a garantir o correto acionamento e eliminar qualquer princípio de afrouxamento.

b) Verificar se o acionador esta sendo alimentado corretamente → deve-se garantir a alimentação (mecânica, elétrica, hidráulica ou pneumática) analisando a corrente, pressão e vazão corretas.

c) Verificar visualmente a existência de vazamentos → para atuadores hidráulicos e pneumáticos, deve-se garantir que não haja vazamento para que assim possa ser garantida a eficácia do acionamento do freio.

d) Verificar com o tato a existência de vibração dos acionadores → a possível vibração existente no acionador deve estar dentro dos limites aceitáveis do equipamento e ao menor sinal de aumento deve-se solicitar a correção.

e) Verificar a temperatura do acionador – caso a temperatura esteja excessiva, pode indicar a ocorrência de algum atrito indesejado das pastilhas com o tambor ou disco, que pode ser proveniente de um desgaste excessivo, prematuro ou também de ajuste inadequado.

Os sistemas de freios, apesar de serem considerados componentes de suporte, são fundamentais para o perfeito funcionamento dos equipamentos ou conjunto de equipamentos que necessitam de eficiência na partida e na parada. Por conta desta extrema necessidade, o inspetor de manutenção mecânica deve dar atenção especial para que os freios tenham funcionamento perfeito.

7.15. ATUADORES HIDRÁULICOS E PNEUMÁTICOS

7.15.1. Conceitos

Os atuadores **hidráulicos e pneumáticos** são dispositivos de atuação que convertem a energia de fluidos pressurizados em energia mecânica necessária para controlar os movimentos da articulação de máquina e dispositivos. Esta conversão de energia gera força e movimento linear.

Apesar de sua impressionante conversão de energia cinética em energia mecânica, os tipos de atuadores comuns são dispositivos relativamente simples. Um tubo retangular ou oval compõe o corpo principal do cilindro que abriga e conecta todos os componentes. Em uma extremidade do corpo há um tampão que fecha e sela o cilindro. A cabeça do cilindro fecha a outra extremidade, mas tem um selo redondo através do qual a haste pode entrar e sair. Já os cilindros de dupla ação contêm cabeça de cilindro em ambos os lados e não há tampa.

Atuador de dupla ação

Os atuadores hidráulicos e pneumáticos fazem parte de um grupo seleto de componentes que apresentam grandes dificuldades na detecção de falhas ocultas, que são de responsabilidades do inspetor de manutenção, pois os elementos de máquinas que se movimentam estão localizados no interior da camisa, o que visualmente se torna imperceptível.

Para que se possa garantir o bom funcionamento dos atuadores, o inspetor de manutenção deve observar os seguintes itens:

a) A fixação dos atuadores, que devem sempre estar com seus parafusos das bases apertados.

b) A existência de vazamentos → um fato interessante que deve ser avaliado com relação aos vazamentos dos cilindros é que nem sempre os mesmos são visuais, e quando o vazamento é visual significa que está ocorrendo na parte externa do atuador. Quando o vazamento ocorre na parte interna, pode nos trazer definições distintas, às quais o inspetor de manutenção deve ficar atento: quando se tem a visão de que um cilindro interno está se movimentando sem ter sido acionado, tem-se a impressão de que há vazamento interno, porém é preciso verificar se o atuador se movimenta apenas por um percurso ou se segue todo o seu percurso até parar. Quando o movimento ocorre até o fim do curso do atuador, o vazamento interno pode não ser no atuador e sim nas válvulas de comando, pois quando o vazamento interno é no atuador, ele se movimenta por um curso menor e para até que a pressão se equalize.

c) A pressão de trabalho → verificar se a pressão do atuador está de acordo com o especificado no projeto ou esquema hidráulico.

d) A velocidade de acionamento do atuador → quando a velocidade de atuação está diferente da especificada no esquema hidráulico, podem haver desgastes que aceleram a degradação do componente.

e) A condição da lubrificação dos olhais → os olhais de fixação dos atuadores devem estar devidamente lubrificados, o que facilita a articulação do atuador e garante o perfeito movimento, além de evitar o travamento e o consequente o empeno da haste do atuador.

f) O empeno da haste do atuador → a haste do atuador não deve possuir nenhum grau de empeno, pois pode facilmente ser um ponto de vazamento entre as vedações.

g) A existência de ranhuras na haste → a haste do atuador deve estar isenta de qualquer tipo de ranhura, já que tal anomalia pode acarretar a entrada de contaminação para o interior do atuador.

A inspeção diária nos atuadores hidráulicos e pneumáticos garante que quaisquer irregularidades no funcionamento possa ser observada e percebida logo no início de seu aparecimento. Assim, há tempo hábil para que ações corretivas possam ser tomadas antes da quebra, o que assegura a eficiência da função executada.

Ao menor sinal de propagação da anomalia, o atuador deve ser substituído e encaminhado para ser revisão e teste.

7.16. TROCADOR DE CALOR

7.16.1. Conceito

Um trocador ou permutador de calor é um dispositivo para transferência de calor eficiente de um meio para outro. Tem a finalidade de transferir calor de um fluido para o outro, encontrando-se estes a temperaturas diferentes. Os meios podem ser separados por uma parede sólida, de maneira que eles nunca se misturem, ou podem estar em contato direto.

Um exemplo comum de trocador de calor é o radiador em um carro, no qual a fonte de calor, a água, sendo um fluido quente de refrigeração do motor, transfere calor para o ar fluindo através do radiador Em outras aplicações são usados para refrigeração de fluidos, sendo os mais comuns óleo e água e são construídos em tubos ou placas, onde, normalmente, circula o fluido refrigerante (no caso de um trocador para refrigeração). O fluido a ser refrigerado circula ao redor da área do tubo ou da placa, isolado por outro sistema de tubos ou de placas que possui uma ampla área geometricamente favorecida para troca de calor.

O material usado na fabricação de trocadores de calor geralmente possui um coeficiente de condutibilidade térmica elevado. Assim, são amplamente utilizados o cobre e o alumínio e suas ligas.

Os tipos mais comuns são os trocadores de placas e de casco e tubo, conforme mostrado na figura abaixo.

Trocador de Placas

Trocador de Casco e Tubo

A inspeção de integridade de trocadores de calor tubular e de placas pode ser feita por métodos de condutividade ou por gás hélio. Estes métodos confirmam a integridade das placas ou tubos para prevenir qualquer contaminação cruzada e as condições das juntas.

Monitoração das condições dos tubos de trocadores de calor pode ser conduzida através de ensaios não destrutivos ou baseados em correntes parasitas. Os mecanismos de fluxo de água e depósitos são frequentemente simulados por fluidodinâmica computacional. Porém, estes procedimentos são caríssimos e a eficiencia da troca térmica pode ser garantida com uma inspeção sensitiva técnica bem elaborada, na qual o inspetor de manutenção deve avaliar os seguintes tópicos:

a) O diferencial de vazão – a vazão de entrada deve estar compativel com a vazão de saída, de acordo com a especificação do projeto. Caso ocorra um diferencial desta vazão, o volume de fluido da entrada será menor que o volume de saída. A causa principal da perda desta eficiência está diretamente relacionada à incrustração, que é um problema sério em alguns trocadores de calor. Água doce pouco tratada é frequentemente usada como água de resfriamento, o que resulta em detritos biológicos que entram no trocador de calor e produzem camadas, diminuindo o coeficiente de transferência térmica. Outro problema comum é o "tártaro", ou incrustação calcárea, que é composto de camadas depositadas de compostos químicos, como carbonato de cálcio ou carbonato de magnésio, relacionados com a dureza da água. A incrustação

ocorre quando um fluido passa por um trocador de calor e as impurezas no fluido precipitam-se sobre a superfície dos tubos. A precipitação destas impurezas pode ser causada por:
- Uso frequente do trocador de calor;
- Ausência de limpeza regular do trocador de calor;
- Redução da velocidade dos fluidos movendo-se através do trocador de calor;
- Superdimensionamento do trocador de calor.

Efeitos de incrustação são mais abundantes nos tubos frios dos trocadores de calor que em tubos quentes. Isto é causado porque impurezas são menos facilmente dissolvidas num fluido frio, já que, para a maioria das substâncias, a solubilidade aumenta quando a temperatura aumenta. Uma notável exceção é água dura e seus sais de metais alcalinos-terrosos, situação em que ocorre o oposto.

A incrustação aumenta a área da seção transversal para o calor ser transferido e causa um aumento na resistência à transferência de calor através do trocador de calor. Isto ocorre porque a condutividade térmica da camada de incrustação é baixa, o que reduz o coeficiente de transferência térmica global e a eficiência do trocador de calor. Ocorrendo isto, pode haver aumento nos custos de bombeamento e manutenção.

Incrustração em um trocador de calor de casco e tubo

b) A existencia de vazamentos, que podem estar relacionados a duas condições distintas:
1. Vazamentos externos – podem acontecer nas juntas de vedação ou no casco do trocador. Quando o vazamento

é na junta, uma das formas mais eficientes de determinação das causas é uma cuidadosa análise da junta usada. Para visualização desta forma de analisar a junta vedada, verifique as informações do item 7.8, referente a vedações. Quando o vazamento é no casco do trocador, será visível na estrutura do casco, onde provavelmente ocorreu uma corrosão que ocasionou um desgaste da parede deixando-a mais fina.

A forma mais eficiente de verificação da anormalidade, antes mesmo que o vazamento apareça, é uma medição precisa da espessura das paredes do casco do trocador. Entretanto, em uma inspeção visual a anormalidade aparece de formas diversas, tais como:

- ❑ Cor mais escura da área onde supostamente a espessura da parede esteja com desgaste.

- ❑ Região do casco onde a temperatura esteja mais quente possivelmente pode estar com a parede menos espessa que as demais, podendo ocasionar um vazamento a qualquer instante.

- ❑ Leves batidas em regiões diversas do casco podem alternar sons diferentes: onde o som é mais agudo, a espessura é menor que nos demais pontos, tornando-se, assim, um ponto onde possivelmente a corrosão será maior e o desgaste mais acentuado, ocasionando uma ruptura da carcaça e um vazamento do casco.

2. Vazamentos Internos – ocorrem devido ao rompimento ou fissuras dos tubos ou das placas. Para que sejam detectados estes vazamentos, um dos fatores a ser analisado é a vazão do trocador de calor, que deve apresentar os valores idênticos aos de projeto tanto na entrada quanto na saída do fluido. Uma análise de contaminação dos fluidos também pode detectar um vazamento interno. Entretanto, para uma avaliação mais precisa e criteriosa sobre os vazamentos internos dos trocadores de calor, alguns testes podem ser realizados conforme segue:

❏ Executar teste no trocador de calor: se o teste for hidrostático, o vent do casco do permutador deverá permanecer aberto para total eliminação de ar do seu interior, durante o enchimento. No caso de teste pneumático não haverá necessidade de abertura do vent. O objetivo deste teste é verificar vazamento nas paredes dos tubos, na mandrilagem e nas soldas de selagem dos tubos no espelho, a estanqueidade das juntas entre carretel e espelho, carretel e tampa e boleado e espelho. A duração deste teste, assim como dos subsequentes não poderá ser inferior a uma hora. A leitura e o controle da pressão deverão ser acompanhados em dois manômetros que ficarão dispostos um no dispositivo de teste e outro na parte superior do equipamento, no vent ou na raquete.

Placa

Feixe de Tubo

c) Verificar a temperatura dos fluidos → deve-se sempre verificar as temperaturas de entrada e saída dos fluidos para garantir que a troca térmica esperada esteja sendo realizada. Qualquer variação de temperatura pode ser caracterizada como indício de entupimento dos caminhos de passagem dos fluidos, perda de carga, deficiência na vazão dos fluidos e ineficiência da troca térmica, situação em que o equipamento passa a não exercer a função esperada.

OBS.: O início das trocas térmicas deve seguir uma curva de aquecimento gradativa, a fim de não expor os componentes do trocador de calor a um choque térmico brusco em função das constantes acelerações e desacelerações de aquecimento e resfriamento.

   d) Verificar as pressões dos fluidos → as pressões constantes dos fluidos permitem uma eficiência maior na troca térmica por garantirem uma regularidade do caminho que o fluido está percorrendo.

   e) Verificar as vazões dos fluidos → assim como as pressões, as vazões constantes dos fluidos apresentam a mesma característica benéfica para garantirem uma perfeita troca térmica.

A correta verificação e análise destes itens e uma frequência de limpeza periódica garantem uma perfeita troca térmica e uma longa vida ao trocador de calor, bem como confiabilidade durante todo o ciclo.

Outra condição que impede o perfeito funcionamento do trocador de calor pode ser o escorregamento das placas.

O aparecimento deste desalinhamento se dá em função do ajuste excessivo do conjunto, gerando uma pressão desordenada sobre as placas, ocasionada pela necessidade de reaperto para eliminar vazamentos do trocador de calor para o ambiente externo.

Tal desalinhamento pode causar uma diferença de escoamento, tornando-o mais turbulento, sendo assim mais propício à impregnação dos sulcos das placas.

Escorregamento de placas do trocador

Este escorregamento de placas pode ser observado na figura acima, deficiência esta que o inspetor de manutenção consegue perceber visualmente ou até mesmo com o tato sobre a superfície das placas.

7.17. EXAUSTOR

7.17.1. CONCEITO

Exaustor é um aparelho destinado à remoção de ar viciado e fumos, succionando de um ambiente e expelindo para outro.

Todos os ventiladores são fabricados segundo as mais seguras técnicas construtivas, de forma a se obter um equipamento que preencha todos os requisitos indispensáveis para o funcionamento ideal.

Para acompanhamento do funcionamento de um exaustor, o inspetor de manutenção deve observar as seguintes condições no dia a dia:

a. Existência de trincas nos componente:

Toda estrutura deve estar isenta de qualquer tipo de trinca ou fissura, quer seja nas soldas ou no corpo dos equipamentos. Caso seja constatada uma trinca ou fissura superficial a olho nu, um teste de líquido penetrante deverá ser aplicado para avaliação de sua profundidade e propagação.

b. Condição de limpeza do exaustor

O equipamento deve sempre estar limpo isento de qualquer tipo de sujeira ou pó, quer seja poeira, borracha, óleos e graxas ou outro material que possa impregnar nas paredes da carcaça ou dos componentes. Esta verificação é realizada visualmente.

Obs.: Sempre que possível, mantenha em boas condições de limpeza os ambientes em que os exaustores estão instalados. Excesso de pó, umidade ou outros agentes diminuem a vida útil não só do ventilador, mas também de seus componentes.

Mesmo que o exaustor tenha recebido tratamento construtivo prevendo ambiente insalubre, nunca é demais mantê-lo abrigado e efetuar limpezas periódicas como remoção de poeira, detritos, óleos e outros agentes. Isto deve ser feito não só nas partes externas do exaustor, mas também internamente, principalmente junto às pás do rotor. Caso o tipo de serviço em que o exaustor seja empregado exigir limpezas internas mais frequentes e que possam ocasionar acúmulo de material, providencie uma porta de inspeção junto à carcaça para facilitar este serviço. No caso de serem necessárias lavagens frequentes, instale também um dreno na parte inferior da carcaça.

c. Existência de vibrações no conjunto

Com o tato (simples toque com as mãos na carcaça do exaustor ou por sobre os rolamentos), o inspetor pode sentir a frequência da vibração

INSPEÇÕES E ANÁLISES TÉCNICAS DOS COMPONENTES E EQUIPAMENTOS | 119

do conjunto, que em condições normais demonstra sua eficiência em função do ritmo da vibração, mas em uma condição de irregularidade pode causar sérios danos ao equipamento. Ao menor sinal de dúvida deve-se solicitar uma análise mais profunda com o instrumento próprio para a coleta precisa de dados.

OBS.: Utilize, sempre que possível, um analisador de vibrações com filtro de frequência. Uma simples medição pode determinar a necessidade de manutenção corretiva em rolamentos, rebalanceamento do rotor ou polias, desalinhamento de eixo e até correias defeituosas. Os pontos de medição devem sempre se localizar sobre os mancais do ventilador, e as medições devem ser efetuadas nas direções radial e axial.

A medição de vibração em motores elétricos deve ser realizada sobre a carcaça, perto dos mancais. Em alguns casos, a mão e a experiência prática constituem condições razoavelmente suficientes para avaliar o nível de vibração de um ventilador.

Apoie a palma da mão sobre locais estratégicos tais como mancais, motor elétrico, bases e a própria carcaça do ventilador. Em caso de alta vibração, pare o ventilador e investigue a causa.

d. Temperatura do conjunto

As temperaturas de trabalho do exaustor devem ser verificadas utilizando um termômetro nos mancais e na carcaça. Caso não se disponha de termômetro, a mão pode ser utilizada com restrições, já que conforme a sensibilidade da pessoa, o diagnóstico poderá ser completamente diferente. Quanto aos valores das respectivas temperaturas, devem-se verificar os manuais dos fabricantes e as informações de processo, para que assim possam ser definidos os ranges de temperatura a ser trabalhados.

OBS.: A mão não substitui o termômetro. Muitas vezes, a temperatura do componente se encontra dentro de limites aceitáveis, apesar de não conseguirmos manter a mão sobre ele. Utilize, portanto, instrumentação adequada.

e. Existência de ruídos no conjunto

Recomenda-se utilizar para o teste de escuta estetoscópios próprios para este fim, que podem ser facilmente adquiridos. Também pode ser utilizada uma simples chave de fenda longa encostando uma ponta no mancal e a outra extremidade junto ao ouvido; no entanto, esta operação deve ser realizada com muito cuidado, já que qualquer escorregão pode fazer com que a ponta entre em contato com corpos rotativos. Para que se tenha uma ideia de avaliação do ruído, é necessário conhecer bem o equipamento para avaliar se o ruído faz parte de uma condição normal ou se é proveniente de alguma anormalidade. Caso haja um ruído suave (silvo), tudo estará em ordem. Um ruído tipo batimento indica uma anormalidade.

f. Fixação dos componentes

Deve-se verificar se todos os parafusos e porcas de fixação de todos os componentes do exaustor estão devidamente fixados e apertados de acordo com os torques adequados para cada segmento.

Outros fatores também devem ser verificados durante o funcionamento do exaustor, tais como a vazão e a pressão negativa referente à sucção dos gases e fumos. Para uma definição dos valores destes fatores, devem ser consultados os manuais e o processo em si.

Toda e qualquer anormalidade detectada no funcionamento do exaustor deve ser registrada e comunicada para que ações de correção sejam implementadas a fim de eliminar as possíveis falhas.

7.18. VÁLVULAS

7.18.1 CONCEITO

São dispositivos destinados a estabelecer, controlar e interromper o fluxo em uma tubulação. São acessórios muito importantes nos sistemas de condução, e por isso devem merecer o maior cuidado na sua especificação, instalação e manutenção.

As válvulas classificam-se em:

a) **Válvulas de Bloqueio:** destinam-se primordialmente a estabelecer ou interromper o fluxo, isto é, só devem funcionar completamente abertas ou completamente fechadas.

❏ Tipos:
  ❏ válvulas gaveta (gate valves)
  ❏ válvulas macho (plug, cock valves)
  ❏ válvulas esfera (ball valves) - válvulas comporta (slide, blast valves)

Válvula Gaveta

Válvula Esfera

Válvula Borboleta

b) **Válvulas de Regulagem:** destinadas especificamente a controlar o fluxo, podendo por isso trabalhar em qualquer posição de fechamento.
- ❏ Tipos:
    - ❏ válvulas globo (globe valves)
    - ❏ válvulas agulha (needle valves) - válvulas de controle (control valves)
    - ❏ válvulas borboleta (butterfly valves) - válvulas diafragma (diaphragm valves)

Válvula Globo

c) **Válvulas que permitem o fluxo em um só sentido** – válvulas de retenção (check valves) - válvulas de retenção e fechamento (stop-check valves) - válvulas de pé (feet valves)

Válvula de retenção

d) **Válvulas que controlam a pressão de Montante** - válvulas de segurança e de alívio - válvulas de excesso de vazão (excess flow valves) - válvulas de contrapressão (back-pressure valves).

Válvula de Alívio

e) **Válvulas que controlam a Pressão a Jusante** - válvulas redutoras e reguladoras de pressão - válvulas de quebra-vácuo (ventosas).

Válvula Redutora de Pressão

124 | Manual Básico para Inspetor de Manutenção Industrial

A inspeção das válvulas é uma atividade importante dentro de um sistema para uma perfeita operação e segurança dos equipamentos. A inspeção periódica de válvulas se faz necessária, a fim de evitar vazamentos, falta de estanqueidade e outros que possam ocorrer.

A periodicidade desta inspeção depende do tipo de fluido, pressão e temperatura do fluido, entre outras situações.

Para que seja garantida a eficiência desta estanqueidade, a efetiva fluidez dos fluidos e o perfeito funcionamento da válvula, o inspetor de manutenção deve observar as seguintes condições:

a) Existência de vazamentos → as válvulas devem estar isentas de quaisquer tipos de vazamentos, quer seja nos flanges ou no castelo, nas roscas, nas anilhas ou em qualquer meio de união dos componentes. As vedações das válvulas são feitas com materiais deformáveis próprios esta função.

Os vazamentos devem ser objetos de frequentes inspeções em todos os tipos de válvulas, pois causam sérios danos, e às vezes graves consequências quando os fluidos que passam pela tubulação são de natureza tóxica, inflamável ou em altas temperaturas. Existe um desgaste natural das vedações em operações de abrir e fechar, que causa vazamentos. Um simples reaperto da vedação poderá resolver o problema.

b) Temperatura da válvula → nos casos em que a temperatura dos fluidos não é muito alta, ela deve ser monitorada, pois caso aconteça um estrangulamento do canal de passagem do fluido, ele gerará atrito e superaquecerá o corpo da válvula.

c) Fixação das válvulas → as válvulas devem ser fixadas e com o torque correto de acordo com as especificações, pois o aperto incorreto pode danificar as vedações e causar vazamentos.

d) Estanqueidade das válvulas → as válvulas devem ter garantida sua vedação total quando estiverem na posição fechada, já que as passagens internas podem causar danos à produção, à segurança e ao meio ambiente.

O mau funcionamento das válvulas pode ser detectado se o inspetor de manutenção industrial avaliar algumas das condições abaixo:

1. O fluido não é interrompido na posição totalmente fechada na sede.
   a. O batente não está colocado corretamente.
   b. A sede está danificada ou gasta.
   c. Existe material estranho preso.
   d. O embolo está danificado ou gasto.
   e. Os parafusos de conexão estão apertados demais ou apertados de maneira não uniforme.
2. Vazamento de fluido.
   a) A sede está danificada ou gasta.
3. A manopla não funciona suavemente.
   a) Há materiais estranhos grudados.
   b) O parafuso de conexão está apertado demais.
   c) O acionador está danificado.
4. A válvula não funciona.
   a) O acionador está danificado.
   b) A haste está danificada.

7.19. UNIDADES HIDRÁULICAS

7.19.1. CONCEITO

Hidráulica é o estudo das características e uso dos fluidos sob pressão.

Áreas de automatização foram possíveis com a introdução da hidráulica para controle de movimentos.

O termo Hidráulica derivou-se da raiz grega Hidro, que tem o significado de água. Por essa razão, entende-se por Hidráulica o conjunto de todas as leis e comportamentos relativos à água ou a outro fluido.

Unidade Hidráulica

7.19.2. Conceitos Básicos

a) Principio de Pascal

Se uma massa líquida confinada receber um acréscimo de pressão, essa pressão se transmitirá integralmente para todos os pontos do líquido, em todas as direções e sentidos. Todos os mecanismos hidráulicos são, em última análise, aplicações do princípio de Pascal.

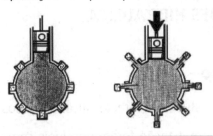

b) Conservação de Energia

Relembrando um princípio enunciado por Lavoisier: "Na natureza nada se cria e nada se perde, tudo se transforma."

Quando desejamos realizar uma multiplicação de forças significa que teremos o pistão maior movido pelo fluido deslocado pelo pistão menor, sendo que a distância de cada pistão será inversamente proporcional à sua área.

O que se ganha em relação à força tem que ser sacrificado em distância ou velocidade.

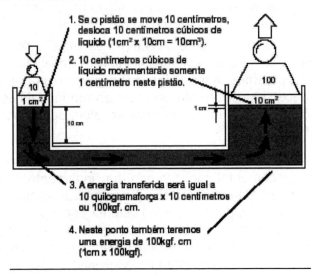

c) Transmissão de Força

Os quatro métodos de transmissão de energia – mecânica, elétrica, hidráulica e pneumática – são capazes de transmitir forças estáticas (energia potencial) tanto quanto a energia cinética. Quando uma força estática é transmitida em um líquido, essa transmissão ocorre de modo especial.

d) Líquido

Os líquidos assumem qualquer forma. O deslizamento das moléculas, umas sob as outras, ocorre continuamente, por isso o líquido é capaz de tomar a forma do recipiente onde estase encontra. Os líquidos são relativamente incompressíveis. Com as moléculas em contato umas com as outras, eles exibem características de sólidos.

O fluido hidráulico é o elemento vital de um sistema hidráulico industrial.

Ele é um meio de transmissão de energia, um lubrificante, um vedador, um veículo de transferência de calor.

Para que o sistema hidráulico possa operar com confiabilidade, o inspetor de manutenção industrial deve diariamente acompanhar seu desempenho e deve seguir os procedimentos abaixo:

a) Verificar visualmente a condição da limpeza do sistema hidráulico – s equipamentos hidráulicos trabalham com elevadas pressões, velocidades consideráveis e alta sensibilidade. Necessitam, portanto, de inspeção contínua do seu desempenho e estado de conservação, além de ser obrigatória a limpeza.

A limpeza do local de instalação do sistema hidráulico é fundamental para um bom funcionamento. Isso reduz a possibilidade de contaminação ambiental, eliminando as impurezas que penetrariam no sistema. Como parte importante, a limpeza deve ser estendida e praticada nas oficinas, áreas de montagem, manutenção e testes. Estas áreas devem estar bem separadas dos locais cujas atividades envolvam serviços de soldagem, pintura e ambientes com acúmulo de poeira, água, vapor etc.

Portanto, para garantir uma boa instalação, inspeção e manutenção, é necessário dar uma atenção especial à limpeza do equipamento e da área onde será efetuada a instalação. Todos os componentes devem estar protegidos e isolados e deverá ser mantida essa condição até o momento da montagem final.

Qualquer impureza que venha a contaminar o circuito hidráulico resultará em prejuízos ao sistema.

b) Verificar visualmente a existência de vazamentos - Os sistemas hidráulicos não devem apresentar vazamentos externos.

A maioria desses vazamentos ocorre devido às condições de serviço que apresentam choques e vibrações, temperatura elevada, desgaste das vedações, incompatibilidade do elastômero com o fluido e temperatura. Podem também ser causados por falhas de montagem e manutenção.

Se o sistema apresenta vazamentos, além de ser necessária a correção, devem ser observados os seguintes itens:

❑ Suportes e braçadeiras montados ao longo da tubulação;

❑ A tubulação não deve estar tensionada;

❑ Bombas, motores e atuadores devem estar alinhados e nivelados para evitar esforços radiais;

❑ Sistemas com regulagem correta;

❑ Temperatura de trabalho deve estar normal;

❑ Grau de contaminação dentro do padrão do equipamento;

❑ Sangria/purga de ar do circuito hidráulico;

❑ uperfícies de montagem paralelas e limpas;

❑ Conexões limpas e em boas condições.

c) Verificar visualmente a condição de saturação dos filtros – Opcionalmente, os filtros são fornecidos com indicadores ópticos ou elétricos de saturação, que mostram o momento adequado para efetuar a substituição.

Os períodos de limpeza ou troca dos elementos filtrantes são considerados a partir de uma referência média observada na prática. Entretanto, podem variar de acordo com a condição do ambiente do local e o regime de serviço do equipamento.

Em ambientes normais com poucas impurezas suspensas no ar, o período com muitas impurezas suspensas no ar poluído deve ser reduzido.

d) Verificar visualmente o nível de óleo do reservatório - O equipamento nunca dever ser operado com o óleo abaixo do nível mínimo, porque isso pode causar cavitação na bomba. Porém, também não se deve operar o equipamento com o nível de óleo acima do máximo, pois isso causaria turbulência no sistema, que não teria espaço físico para troca de calor do fluido. Portanto, o nível de óleo deve sempre permanecer entre o máximo e o mínimo. Sugere-se que seja abastecido o reservatório utilizando em média 70% de seu espaço total, sendo o restante mantido para circulação do fluido e troca de calor.

e) Verificar constantemente a temperatura do óleo e dos componentes do sistema – Deve ser verificado se a temperatura do óleo e dos componentes está dentro dos padrões de operação do equipamento. Óleos comuns não devem ser aquecidos acima dos 55°C, pois expostos a estas condições, perdem suas propriedades mecânicas e se tornam inúteis para a operação do sistema.

f) Verificar constantemente a pressão do sistema → Deve-se verificar se a pressão do sistema se encontra dentro do padrão nos diversos pontos de regulagem do sistema hidráulico. Qualquer oscilação de pressão deve-se aos seguintes itens:

- ❏ Desregulagem de quaisquer válvulas.
- ❏ Vazamentos no sistema.
- ❏ Baixo rendimento das bombas.

g) Verificar constantemente a vibração do sistema – Deve-se verificar se as vibrações do sistema se encontram dentro dos padrões estabelecidos pelos equipamentos do sistema hidráulico.

Assim que for detectada uma progressão dos níveis de vibração, os componentes devem ser encaminhados para correção.

h) Verificar constantemente os ruídos anormais do sistema → para que se possa avaliar se os ruídos do sistema hidráulico se encontram em níveis normais ou não, é necessário fazer um acompanhamento frequente para se acostumar com os níveis normais dos ruídos e, futuramente, saber se alguma coisa está diferente do habitual.

i) Verificar constantemente a fixação dos componentes → Todos os componentes do sistema hidráulico, tais como bombas, tubulações, válvulas, suportes, entre outros, devem estar sempre fixados e apertados para evitar vibrações que posteriormente possam causar vazamentos ou outros males ao sistema.

j) Verificar as condições do fluido – Deve ser realizada a inspeção visual do óleo:

- ❏ Cor do óleo hidráulico.
- ❏ Cheiro do óleo hidráulico.
- ❏ Temperatura do óleo hidráulico.

É difícil estabelecer a vida média para troca dos componentes. Para uma avaliação segura, eles devem ser tratados caso a caso, através de um plano de inspeção e testes para verificar se seu desempenho atende às necessidades operacionais.

Qualquer variação de temperatura, pressão, ruído, vibração ou nível de óleo é sintoma de anormalidade que deve ser eliminada através de uma análise técnica do esquema hidráulico, descrição operacional, função e operação de cada componente do circuito hidráulico.

132 | Manual Básico para Inspetor de Manutenção Industrial

Em geral, cumprindo-se rigorosamente todos os itens descritos, tomando a máxima precaução no sentido de evitar a contaminação do sistema, mantendo uma filtragem eficiente e com o sistema bem regulado, teremos a performance desejada do equipamento e o aumento de sua vida útil.

Seguem abaixo algumas condições de falhas de um sistema hidráulico com suas respectivas causas.

7.19.3. Sintomas e Causas

1. **Bomba com ruído por:**
   a) Cavitação
      - ❑ Excessiva rotação da bomba;
      - ❑ Óleo de alta viscosidade que pode causar cavitação na partida;
      - ❑ Diâmetro interno insuficiente da tubulação de sucção;
      - ❑ Excessiva perda de carga na tubulação de sucção da bomba;
      - ❑ Filtro de sucção sujo ou obstruído;
      - ❑ Filtro de ar no reservatório bloqueado;
      - ❑ Conexão de entrada da bomba muito alta com relação ao nível.
   b) Aeração (ar no fluido)
      - ❑ Rachaduras na tubulação, blocos e carcaças;
      - ❑ Entrada de ar pelos atuadores (cilindros ou motores);
      - ❑ Ar retido no sistema após a primeira partida;
      - ❑ Entrada de ar no circuito de sucção (vácuo);
      - ❑ Entrada de ar por tubo de sucção por falta de imersão no óleo.
   c) Acoplamento não alinhado
      - ❑ Desalinhamento do conjunto de acoplamento motor-bomba;
      - ❑ Acoplamento danificado;

❑ Verificar a condição dos retentores e rolamento.

d) Bomba danificada

❑ Desgaste por uso.

2. Bomba não fornece óleo:

❑ Bomba está girando com rotação inversa;

❑ Nível do óleo no reservatório está baixo;

❑ Tubulação de sucção ou filtro bloqueado;

❑ Entrada de ar na tubulação;

❑ Óleo com viscosidade alta.

3. Bomba aquecendo:

❑ Cavitação;

❑ Aeração;

❑ Pressão excessiva;

❑ Carga excessiva;

❑ Bomba desgastada.

4. Sistema sem vazão

❑ Bomba não recebe fluido;

❑ Motor elétrico não funciona;

❑ Motor elétrico girando ao contrário;

❑ Válvula direcional ligada de maneira errada;

❑ Vazão total descarregando na válvula de segurança;

❑ Bomba danificada.

5. Sistema com pouca vazão:

❑ Controle de vazão muito fechado;

❑ Válvulas de segurança ou descarga com ajuste muito baixo;

❑ Vazamento externo no sistema;

❑ Compensador não opera (bomba variável);

❑ Bomba, válvulas, motor, cilindros e outros componentes
❑ Motor elétrico ou a explosão com rotação errada.

6. Sistema com vazão excessiva:
❑ Controle de vazão muito aberto;
❑ Compensador não opera (bombas variáveis);
❑ Motor elétrico ou a explosão com rotação errada.

7. Sistema não atinge a pressão necessária:
❑ Regulagem da válvula de alívio muito baixa;
❑ Vazamento da válvula de alívio;
❑ Mola da válvula de alívio quebrada;
❑ Óleo está retornando para o tanque;
❑ Vedações do cilindro danificadas.

8. Sistema com pressão baixa:
❑ Válvula redutora de pressão com regulagem muito baixa;
❑ Vazamento externo excessivo;
❑ Válvula reguladora e/ou redutora de pressão gasta ou danificada;
❑ Motor elétrico subdimensionado.

9. Sistema com pressão instável:
❑ Ar no óleo;
❑ Válvula de segurança com desgaste;
❑ Acumulador sem pré-carga ou defeituoso;
❑ Bomba, motor hidráulico ou cilindros com desgaste;
❑ Motor elétrico defeituoso;
❑ Fluido contaminado.

10.Sistema com pressão excessiva:

- ❑ Válvulas reguladoras de pressão (redutora, limitadora, descarga);
- ❑ Haste do variador das bombas inoperante;
- ❑ Válvulas reguladoras de pressão (redutora, imitadora, descarga);
- ❑ Entupimento de filtros de retorno e/ou pressão.

11. Sistema sem movimento:

- ❑ Dispositivo de limitação ou sequência (mecânica, elétrica ou hidráulica);
- ❑ Ligações mecânicas com problemas;
- ❑ Motor hidráulico ou cilindro danificado ou desgastado.

12. Sistema com movimento lento:

- ❑ Viscosidade do óleo muito alta;
- ❑ Óleo muito fino (aguardar atingir temperatura de trabalho);
- ❑ Falta lubrificação ou alinhamento das partes mecânicas;
- ❑ Motor hidráulico ou cilindros desgastados.

13.Sistema com movimento instável:

- ❑ Falta lubrificação ou alinhamento das partes mecânicas;
- ❑ Motor hidráulico ou cilindros desgastados.

14. Sistema com movimento muito rápido:

- ❑ Vazão excessiva nos atuadores.

15.Válvula de segurança com aquecimento:

- ❑ Regulagem da pressão incorreta;
- ❑ Válvula desgastada.

16.Motor com ruído:

❑ Sistema de acoplamento motor-bomba desalinhado;
❑ Motor desgastado ou danificado.

17. Motor com aquecimento:

❑ Carga excessiva no motor;
❑ Motor desgastado.

18.Fluido com aquecimento:

❑ Pressão excessiva nas válvulas de descarga e/ou limitadoras de pressão;
❑ Fluido hidráulico sujo ou insuficiente;
❑ Viscosidade incorreta.

19.Desgaste excessivo dos componentes:

❑ Óleo contaminado por partículas sólidas abrasivas;
❑ Aeração, ou seja, excessiva passagem de ar nos componentes;
❑ Regulagem da pressão da válvula de alívio muito baixa, permitindo:

- Viscosidade inadequada;

❑ Vazamentos internos causados por componentes danificados;

- Defeitos no trocador de calor;
- Vazamento nos atuadores;
- Partículas indevidas ou defeitos nas tubulações.

20. Componente com operação lenta:

❑ Filtro de retorno obstruído. Inspecionar o "bypass" do elemento;
❑ Tamanho do elemento subdimensionado;
❑ Filtro de pressão obstruído.

21. Fluido contaminado:
- ❏ Tipo impróprio de elemento filtrante;
- ❏ Checar a condição do "bypass";
- ❏ Elemento filtrante saturado;
- ❏ Intervalo para troca de elemento filtrante muito longa;
- ❏ Alto diferencial de pressão no filtro. Verificar a pressão na entrada do filtro;
- ❏ Elemento filtrante danificado;
- ❏ Falta do elemento filtrante;
- ❏ Entrada de água no fluido;

7.20. BOMBAS CENTRÍFUGAS

7.20.1. CONCEITO

As bombas são equipamentos com a função de deslocar fluidos líquidos para elevadas alturas manométricas com eficiência e desempenho, desde que sejam devidamente projetadas, mantendo constante pressão e vazão e levando em conta detalhes técnicos que devem ser observados, tais como profundidade máxima do reservatório, projeto hidráulico, viscosidade do fluido bombeado e presença de sólidos em suspensão.

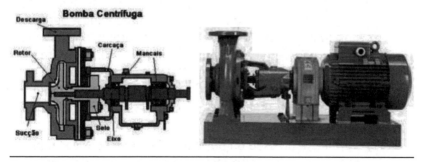

Bomba Centrifuga

138 | Manual Básico para Inspetor de Manutenção Industrial

A finalidade da inspeção na bomba durante o seu funcionamento é prolongar ao máximo a vida útil dos componentes. Tal inspeção abrange os seguintes itens de controle:

a) Verificar a temperatura dos mancais da bomba – A temperatura deve ser monitorada através de um pirômetro ou termovisor e não deve ultrapassar os valores previstos no projeto, caso ocorra excesso de temperatura, o equipamento deve ser interditado e encaminhado para revisão.

b) Verificar a vibração da bomba → A vibração é um dos indícios de anormalidade da bomba, por isso seu monitoramento é fundamental para o perfeito funcionamento dos componentes, de forma que os valores devem ser definidos de acordo com a potência do equipamento determinado no manual. A análise pode ser feita com uma caneta própria para medição.

c) Verificar a existência de ruídos anormais → Os ruídos são fatores imprescindíveis para que se possa avaliar as condições de funcionamento da bomba, ouvindo-a em funcionamento ou utilizando uma chave de fenda com a ponta encostada no equipamento e o cabo no ouvido, bem como um estetoscópiopara facilitar a detecção das anormalidades.

d) Verificar a existência de vazamentos → As bombas não devem apresentar nenhum tipo de vazamento entre os componentes, sendo a verificação realizada única e exclusivamente de forma visual.

e) Verificar a condição da fixação dos componentes da bomba → Oscomponentes devem estar sempre fixos e bem apertados com seus respectivos torques de projeto, observando-se a condição de forma visual ou com um martelo, com batidas de leve nos parafusos para identificar alguma peça solta, ou pela identificação do ponto correto de fixação do componente através de uma marca visual que serve como referência para a inspeção.

f) Verificar a pressão da bomba → Deve-se verificar constantemente o manômetro instalado na descarga da bomba, sendo as anormalidades provenientes de obstrução ou desgaste dos componentes internos detectadas pela pressão. Para que se tenha o valor referente à pressão de trabalho da bomba, deve-se verificar no manual ou na plaqueta de identificação a altura manométrica do seu deslocamento, que é dada em mca (metros por coluna d'agua), em que cada metro de coluna d'água equivale a 1kgf de pressão.

g) Verificar a vazão da bomba → O intuito de verificar a vazão da bomba é garantir que o fluido esteja chegando em seu destino e, ao mesmo tempo, medir o rendimento da bomba de forma que a diminuição da vazão seja um sinal de que a bomba pode estar perdendo eficiência, possivelmente por desgaste de seus componentes internos. Uma forma de medir a vazão sem o auxílio de um instrumento próprio para este fim é direcionar o fluido para um recipiente graduadoou consultar o manual do fabricante.

h) Verificar o nível de óleo da caixa de mancais da bomba → Verifica-se o nível de óleo para garantir a correta lubrificação dos rolamentos, através dos visores ou das varetas de nível. O nível deve sempre estar entre o mínimo e o máximo, pois nível muito baixo é extremamente prejudicial ao equipamento, bem como o nível excedido também atrapalha seu funcionamento.

Seguem abaixo algumas condições de falhas de uma bomba centrífuga com suas respectivas causas.

7.20.2. ConceitoSintomas e Causas

1. Vazão Insuficiente:
   - ❏ Bomba está recalcando com pressão excessiva. alta
   - ❏ Altura total da instalação (contra pressão) maior que a altura nominal da bomba;
   - ❏ Bomba ou tubulação de sucção não está totalmente cheia;
   - ❏ Tubulação de sucção ou rotor entupido;
   - ❏ Formação de bolsas de ar na tubulação;

140 | Manual Básico para Inspetor de Manutenção Industrial

❑ NPSH disponível, menor que o NPSH requerido;
❑ Entrada de ar na câmara de vedação;
❑ Sentido de rotação incorreto;
❑ Rotação baixa;
❑ Desgaste dos componentes internos da bomba;
❑ Pressão de sucção muito baixa.

2. **Ruído excessivo da bomba:**
   ❑ Bomba ou tubulação de sucção não está totalmente cheia;
   ❑ NPSH disponível, menor que o NPSH requerido;
   ❑ Desgaste dos componentes internos da bomba;
   ❑ Pressão de sucção muito baixa;
   ❑ Rotação muito alta;
   ❑ Conjunto desalinhado;
   ❑ Peças da bomba estão fora do batimento radial e axial especificado;
   ❑ Tubulações de sucção e de recalque exercem tensões mecânicas;
   ❑ Nível de óleo ou graxa no mancal muito alto;
   ❑ Nível de óleo ou graxa do mancal muito baixo;
   ❑ Óleo ou graxa inadequado;
   ❑ Rolamentos defeituosos ou inadequados;
   ❑ Vazão insuficiente;
   ❑ Rotor desbalanceado.

3. **Vibrações excessivas:**
   ❑ Bomba ou tubulação de sucção não está totalmente cheia;
   ❑ Tubulação de sucção ou rotor entupido;
   ❑ Formação de bolsas de ar na tubulação;
   ❑ NPSH disponível, menor que o NPSH requerido;

INSPEÇÕES E ANÁLISES TÉCNICAS DOS COMPONENTES E EQUIPAMENTOS | 141

- ☐ Desgaste dos componentes internos da bomba;
- ☐ Pressão de sucção muito baixa;
- ☐ A contrapressão do sistema sobre a bomba é menor do que a prevista;
- ☐ Rotação muito alta;
- ☐ Conjunto desalinhado;
- ☐ As peças da bomba estão fora do batimento radial e axial especificado;
- ☐ Fixações deficientes;
- ☐ Rolamentos defeituosos ou inadequados;
- ☐ Atrito entre as partes rotativas e estacionárias;
- ☐ Rotor desbalanceado;
- ☐ Folgas radiais excessivas entre os conjuntos girantes e os estacionários;
- ☐ Eixo torto em relação à região de apoio ao rolamento;
- ☐ Formação de vapor na bomba causado por não
- ☐ funcionamento do dispositivo de vazão mínima, baixa pressão de sucção (NPSH disponível fica menor que o NSPH requerido e a bomba cavita), variação de temperatura para cima ou diminuição da pressão.

OBS.: A cavitação é provocada quando, por algum motivo, gera-se uma zona de depressão ou pressão negativa. Quando isso ocorre, o fluido tende a vaporizar formando bolhas de ar. Ao passar da zona de depressão, o fluido volta a ficar submetido à pressão de trabalho e as bolhas de ar implodem, provocando ondas de choque que causam desgaste, corrosão e até mesmo a destruição de pedaços dos rotores, carcaças e tubulações.

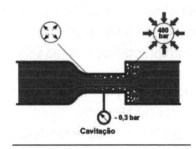

7.20.3. Causas da Cavitação

- Filtro da linha de sucção saturado;
- Respiro do reservatório fechado ou entupido;
- Linha de sucção muito longa;
- Muitas curvas na linha de sucção (perdas de carga);
- Estrangulamento na linha de sucção;
- Altura estática da linha de sucção;
- Linha de sucção congelada.

7.20.4. Exemplo de Defeito Provocado pela Cavitação

7.20.5. Características de uma Bomba em Cavitação

- Queda de rendimento;
- Marcha irregular;
- Vibração provocada pelo desbalanceamento;
- Ruído provocado pela implosão das bolhas.

INSPEÇÕES E ANÁLISES TÉCNICAS DOS COMPONENTES E EQUIPAMENTOS | 143

As informações acima têm o objetivo de dar aos usuários certa tranquilidade com relação ao funcionamento das bombas centrífugas, garantindo sua disponibilidade com confiabilidade, direcionando os fluidos para o destino a que foram projetados.

7.21. BOMBAS HIDRÁULICAS

7.21.1. CONCEITO

As bombas são utilizadas nos circuitos hidráulicos para converter energia mecânica em hidráulica. A ação mecânica cria um vácuo parcial na entrada da bomba, o que permite que a pressão atmosférica force o fluido do tanque, através da linha de sucção, a penetrar na bomba. A bomba passará o fluido para a abertura de descarga, forçando-o através do sistema hidráulico. As bombas são classificadas, basicamente, em dois tipos: hidrodinâmicas (não positivas) e hidrostáticas (positivas).

Existem diversos modelos de bomba. Abaixo, seguem alguns, mais comuns:

a. Bombas de engrenagens.

b. Bombas de paletas.

 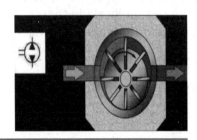

c. Bombas de pistões axiais.

 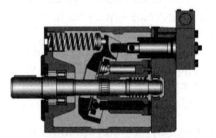

A finalidade da inspeção na bomba durante o seu funcionamento é prolongar ao máximo a vida útil dos componentes. Tal inspeção abrange os seguintes itens de controle:

    a) Verificar a temperatura dos mancais da bomba → A temperatura deve ser monitorada através de um pirômetro ou termovisor, de maneira que não ultrapasse os valores previstos no projeto. Caso ocorra um excesso desta temperatura o equipamento deve ser interditado e encaminhado para revisão.

    b) Verificar a vibração da bomba → A vibração é um dos indícios de anormalidade da bomba e seu monitoramento é fundamental para o perfeito funcionamento dos componentes, sendo os valores definidos de acordo com a potência do equipamento determinada no manual. A análise pode ser feita com uma caneta própria para medição.

c) Verificar a existência de ruídos anormais → Os ruídos são fatores imprescindíveis para que se possa avaliar as condições de funcionamento da bomba, ouvindo-a em funcionamento ou utilizando uma chave de fenda com a ponta no equipamento e o cabo no ouvido, ou também como um estetoscópio, para facilitar a detecção das anormalidades.

d) Verificar a existência de vazamentos → as bombas não devem apresentar nenhum tipo de vazamento entre os componentes os quais é extremamente prejudicial, onde a verificação é realizada única e exclusivamente de forma visual.

e) Verificar a condição da fixação dos componentes da bomba → Oscomponentes devem estar sempre fixos e bem apertados com seus respectivos torques de projeto, observando-se a condição de forma visual ou com um martelo, dando batidas de leve nos parafusos para identificar alguma peça solta, ou pela identificando do ponto correto da fixação do componente através de uma marca visual que serve como referência para a inspeção.

f) Verificar a pressão da bomba → Deve-se verificar constantemente o manômetro instalado na descarga da bomba, , sendo as anormalidades provenientes de obstrução ou desgaste dos componentes internos detectadas pela pressão. Para que se tenha o valor referente à pressão de trabalho da bomba, deve-se verificar no manual ou na plaqueta de identificaçaoa altura manométrica do deslocamento, que é dada em mca (metros por coluna d'agua), em que cada metro de coluna d'água equivale a 1kgf de pressão.

g) Verificar a vazão da bomba → O intuito de verificar a vazão da bomba é garantir que o fluido esteja chegando em seu destino e, ao mesmo tempo, medir o rendimento da bomba, de forma que a diminuição da vazão é um sinal de que a bomba pode estar perdendo eficiência, possivelmente por desgaste de seus componentes internos. Uma forma de medir a vazão sem o auxílio de um instrumento próprio para este fim é direcionar o fluido para um recipiente graduadoou consultar o manual do fabricante.

146 | Manual Básico para Inspetor de Manutenção Industrial

h) Verificar o nível de óleo do reservatório – Verifica-se o nível de óleo para garantir a correta lubrificação dos rolamentos. A verificação é feita através dos visores ou das varetas de nível. O nível deve sempre estar entre o mínimo e o máximo, pois nível muito baixo é extremamente prejudicial ao equipamento, bemcomo o nível excedido também atrapalha seu funcionamento.

Seguem abaixo algumas condições de falhas de uma bomba hidráulica, bem como suas respectivas causas.

7.21.2. Sintomas e Causas

1. Vazão Insuficiente:
   - ❏ Nível de óleo do reservatório muito baixo;
   - ❏ Bomba ou tubulação de sucção não está totalmente cheia;
   - ❏ Tubulação de sucção ou canais internos da bomba entupidos;
   - ❏ Formação de bolsas de ar na tubulação;
   - ❏ Entrada de ar na bomba;
   - ❏ Sentido de rotação incorreto;
   - ❏ Rotação baixa;
   - ❏ Desgaste dos componentes internos da bomba;
   - ❏ Pressão de sucção muito baixa.

2. Sobrecarga do Acionador:
   - ❏ Válvula de vazão mínima não veda com a bomba em plena carga;
   - ❏ A contrapressão do sistema sobre a bomba é menor do que a prevista;
   - ❏ Rotação muito alta.

INSPEÇÕES E ANÁLISES TÉCNICAS DOS COMPONENTES E EQUIPAMENTOS | 147

3. **Pressão Excessiva:**
   - ❏ Rotação muito alta;
   - ❏ Regulagem da bomba incorreta;
   - ❏ A pressão de sucção é muito alta.

4. **Superaquecimento da bomba:**
   - ❏ Rotação muito alta;
   - ❏ Conjunto desalinhado;
   - ❏ As peças da bomba estão fora do batimento radial e axial especificado;
   - ❏ Tubulações de sucção e de recalque exercem tensões mecânicas;
   - ❏ Nível de óleo do reservatório muito alto;
   - ❏ Filtros de sucção, retorno ou recirculação obstruídos;
   - ❏ Óleo ou graxa inadequado;
   - ❏ Componentes internos da bomba defeituosos;
   - ❏ Atrito entre as partes rotativas e estacionárias;
   - ❏ Regulagem de pressão da bomba incorreta;
   - ❏ Vazão insuficiente;
   - ❏ Bomba ou tubulação de sucção não está totalmente cheia.

5. **Pressão baixa:**
   - ❏ Componentes internos da bomba desgastados;
   - ❏ Rotação muito baixa;
   - ❏ Tubulação de sucção obstruída;
   - ❏ Regulagem de pressão da bomba incorreta.

6. **Vazamento na bomba:**
   - ❏ Conjunto desalinhado;
   - ❏ Fixação frouxa;
   - ❏ Vedações danificadas ou mal alojadas;
   - ❏ Assentos e alojamentos das vedações danificados;

□ Variações bruscas de temperaturas;
□ Sistema de vedação inadequado.

7. **Ruído excessivo da bomba:**
□ Bomba ou tubulação de sucção não está totalmente cheia;
□ Desgaste dos componentes internos da bomba;
□ Pressão de sucção muito baixa;
□ Rotação muito alta;
□ Conjunto desalinhado
□ As peças da bomba estão fora do batimento radial e axial especificado;
□ Tubulações de sucção e de recalque exercem tensões mecânicas;
□ Nível de óleo do reservatório muito baixo;
□ Componentes internos da bomba defeituosos;
□ Vazão insuficiente.

8. **Vibrações excessivas:**
□ Bomba ou tubulação de sucção não está totalmente cheia;
□ Tubulação de sucção ou canais internos da bomba entupidos;
□ Formação de bolsas de ar na tubulação;
□ Desgaste dos componentes internos da bomba;
□ Pressão de sucção muito baixa;
□ A contrapressão do sistema sobre a bomba é menor do que a prevista;
□ Rotação muito alta;
□ Conjunto desalinhado;
□ As peças da bomba estão fora do batimento radial e axial especificado;
□ Fixações deficientes;
□ Atrito entre as partes rotativas e estacionárias;

INSPEÇÕES E ANÁLISES TÉCNICAS DOS COMPONENTES E EQUIPAMENTOS | 149

- ❏ Folgas radiais excessivas entre os conjuntos girantes e os estacionários;
- ❏ Eixo torto em relação à região de apoio ao rolamento;
- ❏ Formação de vapor na bomba causado por não funcionamento do dispositivo de vazão mínima, baixa pressão de sucção (NPSH disponível fica menor que o NSPH requerido e a bomba cavita), variação de temperatura para cima e diminuição da pressão.

OBS.: A cavitação é provocada quando, por algum motivo, gera-se uma zona de depressão ou pressão negativa. Quando isso ocorre, o fluido tende a vaporizar, formando bolhas de ar.

Ao passar da zona de depressão, o fluido volta a ficar submetido à pressão de trabalho e as bolhas de ar implodem provocando ondas de choque que causam desgaste, corrosão e até mesmo a destruição de pedaços dos rotores, carcaças e tubulações.

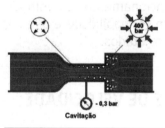

7.21.3. CAUSAS DA CAVITAÇÃO

- ❏ Filtro da linha de sucção saturado;
- ❏ Respiro do reservatório fechado ou entupido;
- ❏ Linha de sucção muito longa;
- ❏ Muitas curvas na linha de sucção (perdas de cargas);
- ❏ Estrangulamento na linha de sucção;
- ❏ Altura estática da linha de sucção;
- ❏ Linha de sucção congelada.

Exemplo de defeito provocado pela cavitação:

7.21.4. Características de uma bomba em cavitação:
- Queda de rendimento;
- Marcha irregular;
- Vibração provocada pelo desbalanceamento;
- Ruído provocado pela implosão das bolhas.

As informações acima têm como objetivo dar aos usuários certa tranquilidade com o funcionamento das bombas hidráulicas, garantindo sua disponibilidade com confiabilidade e direcionando os fluidos para o destinos a que foram projetados.

7.22. REDUTORAS DE VELOCIDADE

7.22.1. CONCEITO

Redutor de velocidade é um dispositivo mecânico que diminui a velocidade (rotação) de um acionador.

Seus principais componentes são, basicamente, eixos de entrada e saída, rolamentos, engrenagens e carcaça.

Carcaça ou caixa redutora

Engrenagens de redutora

Eixo de redutora

O redutor de velocidade é utilizado quando é necessária a adequação da rotação do acionador para a rotação requerida no dispositivo a ser acionado.

O segredo da redução está nos diferentes tamanhos das engrenagens, que sincronizadas e acopladas, transmitem velocidades diferentes e quanto menor o tamanho, maior a força a ser exercida. Por isso as caixas redutoras de velocidade sempre iniciam em sua entrada com as engrenagens maiores.

Devido às leis da física, quando há redução da rotação aumenta-se o torque disponível.

Via de regra, o que realmente acontece é uma compensação ou troca de favores, pois para que o redutor possa garantir o torque desejado, ele necessita de algum tipo de alimentação ou de consumir alguma fonte de energia. Neste caso ele absorve toda a velocidade disponibilizada pelo motor e a transforma em força. Ou seja, nesta negociação ou troca de favores o redutor troca a velocidade do motor pelo seu esforço físico.

Porém, como forma de pagamento ele entrega a força necessária pelo sistema, mas não disponibiliza toda a velocidade que o motor lhe proporcionou.

Este percentual de velocidade reduzida com relação às velocidades de entrada e de saída do redutor é a compensação pelo trabalho forçado.

Existem diversos tipos e configurações de redutores de velocidade, sendo os mais comuns os que funcionam por meio de engrenagens, que podem ser cilíndricas ou cônicas. Pode-se ainda utilizar o sistema de coroa e rosca sem fim.

Já os dentes das engrenagens podem ser retos ou helicoidais. Quando há intenção de se reduzir a vibração e ruído utiliza-se, nos redutores, engrenagens de dentes helicoidais, já que a trasmissão de potência, nesse caso, é feita de maneira mais homogênea. Por outro lado, as engrenagens de dentes retos são mais simples de ser fabricadas e, por isso, apresentam menor custo.

Existe ainda o redutor do tipo epicicloidal, que utiliza em sua configuração engrenagens comuns de dentes retos e uma ou mais engrenagens de dentes internos.

Os redutores epicicloidais são normalmente indicados quando se procura um sistema mais compacto e com capacidade para trabalhar com altas taxas de redução.

Os redutores de velocidade trabalham normalmente com apenas uma taxa de redução. No caso de existir a possibilidade de atuar no dispositivo e alterar a taxa de redução, este passa a ser chamado de câmbio ou caixa de marchas.

Caixa redutora fechada

Caixa redutora aberta

As redutoras de velocidade são equipamentos indispensáveis para o funcionamento das indústrias que necessitam de equipamentos giratórios para transformar rotação em torque.

Para o correto funcionamento de uma redutora de velocidade, o inspetor de manutenção industrial deve sempre observar os tópicos listados abaixo, cujos valores definitivos devem ser avaliados para cada caso, sendo a área de aplicação, bem como a necessidade da produção sempre levada em consideração, não devendo de modo algum ser ignoradas as orientações do fabricante.

a) Verificar a temperatura da redutora → A temperatura deve ser monitorada por meio de um pirômetro ou termovisor, de maneira que não ultrapasse os valores previstos no projeto. Caso ocorra um aumento excessivo da temperatura, o equipamento deve ser interditado e encaminhado para revisão.

b) Verificar a vibração da redutora → A vibração é um dos indícios de anormalidade da redutora, e seu monitoramento é fundamental para o perfeito funcionamento dos componentes. Os valores devem ser definidos de acordo com a potência do equipamento, determinado no manual, a respeito das normas de vibração. A análise pode ser feita com uma caneta própria para medição.

c) Verificar a existência de ruídos anormais → Os ruídos são fatores imprescindíveis para que se possa avaliar as condições de funcionamento da redutora, ouvindo-a em funcionamento ou com a utilização de uma chave de fenda com a ponta no equipamento e o cabo no ouvido, bem como um estetoscópio para facilitar a detecção das anormalidades.

d) Verificar a existência de vazamentos → as redutoras não devem apresentar nenhum tipo de vazamento entre os componentes, pois são extremamente prejudiciais. A verificação é realizada única e exclusivamente de forma visual.

e) Verificar a condição da fixação da redutora → Os componentes devem estar sempre fixos e bem apertados com seus respectivos torques de projeto. Pode-se observar a condição de forma visual ou com um martelo, batendo de leve nos parafusos para identificar alguma peça solta, ou identificando o ponto correto da fixação do componente através de uma marca visual que serve como referência para a inspeção.

f) Verificar a desobstrução dos respiradores → Deve-se verificar constantemente a desobstrução dos respiradores, pois sua obstrução pode causar uma contrapressão dentro da redutora e, consequentemente, o rompimento das vedações, que são os pontos mais fracos.

INSPEÇÕES E ANÁLISES TÉCNICAS DOS COMPONENTES E EQUIPAMENTOS | 155

g) Verificar o nível de óleo da caixa redutora → Verifica-se o nível de óleo para garantir a correta lubrificação dos rolamentos e engrenagens, por meio dos visores ou das varetas de nível. O nível deve sempre estar entre o mínimo e o máximo, pois nível muito baixo é extremamente prejudicial ao equipamento, bem como o nível excedido também atrapalha seu funcionamento.

Seguem abaixo algumas condições de falhas de uma bomba hidráulica, com suas respectivas causas.

7.22.1. SINTOMAS E CAUSAS

1. **Aumento excessivo da temperatura:**
   - ☐ Sobrecarga;
   - ☐ Rolamentos ou engrenagens danificados;
   - ☐ Temperatura ambiente muito alta;
   - ☐ Folgas internas;
   - ☐ Fonte de calor externa;
   - ☐ Falta de óleo na caixa redutora;
   - ☐ Excesso de óleo na caixa redutora.

2. **Ruído excessivo na caixa redutora:**
   - ☐ Rolamentos ou engrenagens danificados;
   - ☐ Falta de óleo na caixa redutora;
   - ☐ Parafusos de fixação frouxos;
   - ☐ Resíduos contaminantes dentro da caixa redutora;
   - ☐ Transmissão de vibração por fonte externa.

3. **Vibração excessiva na redutora:**
   - ☐ Desalinhamento do conjunto;
   - ☐ Desnivelamento do conjunto;
   - ☐ Parafusos de fixação frouxos;

- ❏ Entrada de material estranho na caixa redutora;
- ❏ Transmissão de vibração por fonte externa;
- ❏ Rolamentos danificados;
- ❏ Dentes de engrenagens quebrados ou desgastados;
- ❏ Folgas internas.

4. **Vazamento de óleo na redutora:**
- ❏ Retentores danificados;
- ❏ Desgaste dos eixos;
- ❏ Resíduos contaminantes dentro da caixa redutora;
- ❏ Parafusos de fixação frouxos.

7.23. COMPRESSORES

7.23.1. CONCEITOS

Um compressor é uma máquina projetada para, como o próprio nome diz, comprimir algum tipo de fluido em estado gasoso, e isso acontece por meio de um aumento na pressão no interior do aparelho. Dessa forma é possível liberar esse fluido com grande força proveniente dessa pressão.

Os compressores podem ser classificados em 2 tipos principais, conforme seu princípio de operação:

Compressores de deslocamento positivo (ou estáticos): Estes são subdivididos ainda em alternativos ou rotativos.

Compressores de dinâmicos: Estes são subdivididos ainda em centrífugos ou axiais.

INSPEÇÕES E ANÁLISES TÉCNICAS DOS COMPONENTES E EQUIPAMENTOS | 157

Parafusos

Centrífugos

Pistões Radiais

A sistemática de inspeção para um compressor não difere muito dos parâmetros utilizados para outros equipamentos. Devem ser avaliadas as seguintes condições:

a. Temperatura – Durante a inspeção dos compressores, verifica--se se as temperaturas do ar, do óleo e dos componentes não ultrapassam os limites pré-estabelecidos de projeto. Como os compressores são maquinas que trabalham com uma rotação muito alta, não é aconselhável que se verifique esta temperatura com o tato. Recomenda-se o uso de um termovisor.

b. Ruído - Em função de sua compressão e do significativo deslocamento de ar, os compressores geram um ruído muito alto, o que dificulta a inspeção do profissional por medida de segurança, pois tal ruído ultrapassa os limites normais de resistência do ser humano recomendados pelos médicos do trabalho, o que inviabiliza a constante inspeção do equipamento.

c. Vibração – Esta variável pode ser perceptível com o tato em alguns segmentos do compressor, porém, em determinados pontos, torna-se inviável devido à temperatura em que a máquina trabalha constantemente, o que pode causar queimaduras. Para verificar esta variável recomenda-se o uso de uma caneta de vibração.

d. Existência de vazamentos – Os compressores devem estar sempre isentos de quaisquer tipos de vazamentos, quer seja de óleo ou de ar, pois esses vazamentos podem acarretar a ineficiência de todo sistema. Esta variável é verificada visualmente.

e. Fixação – Verifica-se visualmente a fixação dos componentes. Todos devem permanecer devidamente presos em seus suportes, pois qualquer afrouxamento pode causar uma vibração excessiva e danificar todo o conjunto.

f. Nível de óleo - Verifica-se visualmente o nível de óleo do compressor a fim de evitar que o mesmo trabalhe a seco ou com nível baixo, o que pode causar um travamento do conjunto devido à alta rotação e à alta temperatura em que o equipamento trabalha frequentemente. O nível de óleo deve sempre estar entre o mínino e o máximo estabelecido pelo projeto.

g. Pressões do sistema – As pressões são verificadas visualmente através dos manômetros fixados na estrutura do compressor. Não devem estar nem maiores nem menores que os limites mínimos e máximos estabelecidos pelo projeto do equipamento.

Entretanto, sabe-se que os compressores, por sua intensa utilização e necessidade de aplicação nos processos industriais, são os equipamentos que mais evoluíram tecnologicamente nos últimos anos.

Nos tempos atuais, são equipamentos que possuem as mais avançadas tecnologias de monitoramento do comportamento de seu desempenho e eficiência, sendo que a grande maioria já é fornecida munida de componentes que monitoram todas as variáveis necessárias para um perfeito desempenho.

Em muitos casos, a grande parte da transmissão destes monitoramentos é realizada por softwares dedicados a acompanhar seu funcionamento, sendo o monitoramento das variáveis feito on-line durante cada segundo e as informações armazenadas em bancos de dados ou enviadas para uma central que registra e armazena a condição do compressor.

A sistemática de monitoramento online ainda permite que o software memorize os valores mínimos e máximos das variáveis e informe, através de diversos meios, quando qualquer das variáveis desvia dos parâmetros pré-estabelecidos, acusando de imediato tal oscilação, entendida como uma anormalidade.

Tal tecnologia garante a eficiência e a confiabilidade da função proposta pelo compressor através de sensores instalados em pontos estratégicos, que acompanham a evolução ou degeneração de variáveis tais como a temperatura, a vibração, a pressão, o nível de óleo, a vazão de ar demandada, e ainda pode monitorar o tempo de trabalho do compressor, a fim de determinar o período correto das intervenções preventivas avaliadas por horas trabalhadas de cada componente.

Porém, sabemos que sempre que dependemos de uma máquina para monitorar outra estamos sujeitos a falhas, independente do grau de precisão imposto pela sistemática.

Assim, continua sendo necessário que o inspetor de manutenção industrial avalie os parâmetros informados pelo sistema de monitoramento, compare com as condições encontradas na inspeção realizada pelo profissional habilitado e confirme a veracidade das detecções informadas pelo sistema de monitoramento on-line.

8. FONTES DE INFORMAÇÕES

Introdução	❏ Adaptação do artigo de Renata Branco da revista Manutenção e Suprimentos
Teorias e histórias da manutenção	❏ ABRAMAN - Associação Brasileira de Manutenção.
Cabos de aço	❏ Manual Cimaf
	❏ NBR 2408
	❏ NBR 4309
	❏ NBR 1354
Rolamentos e Mancais de Rolamentos	❏ Manual SKF
Unidades hidráulicas	❏ Manual Parker
Cardans e transmissões	❏ TecTor
Vedações	❏ Livro Vedações Industriais de José Carlos Veiga - Teadit.Industria e Comercio.
Acoplamentos	❏ Peag / Rexnord
Correntes	❏ Comercial Ari / Gustavo Cassiolato
Bombas Centrífugas	❏ EH Bombas centrífugas.
Transmissões	❏ Spicer - Affinia.
Freios	❏ Fras Le
Ilustrações	❏ Algumas fotografias foram gentilmente cedidas pela empresa Usifix Indústria e Comércio

Veja!
Não diga que a canção está perdida
Tenha fé em Deus, tenha fé na vida
Tente outra vez!...
Beba!
Pois a água viva ainda está na fonte
Você tem dois pés para cruzar a ponte
Nada acabou!
Não!
Tente!
Levante sua mão sedenta e recomece a andar
Não pense que a cabeça agüenta
Se você parar
Há uma voz que canta, uma voz que dança
Uma voz que gira, bailando no ar
Queira!
Basta ser sincero e desejar profundo
Você será capaz de sacudir o mundo
Tente outra vez!
Tente!
E não diga que a vitória está perdida
Se é de batalhas que se vive a vida
Tente outra vez!...

Raul Seixas

"*Enfrente seu caminho com coragem, não tenha medo da crítica dos outros. E, sobretudo, não se deixe paralisar pelas suas próprias críticas.*"

Paulo Coelho

Sei que às vezes uso
Palavras repetidas.
Mas, quais são as palavras,
Que nunca foram ditas."

Renato Russo

Dominando Java Server Faces e Facelets Utilizando Spring 2.5, Hibernate e JPA

Autor: *Edson Gonçalves*
384 páginas
ISBN: 978-85-7393-711-4
1a Edição 2008

Acompanha Cd-Rom

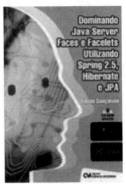

Nesta obra, com uma abordagem ilustrada através de exemplos, incluindo estudos de caso, o leitor aprenderá: Como instalar o NetBeans IDE, configurar e utilizar servidores de aplicações Web; A criar páginas dinâmicas utilizando JSP, Servlets, JSTL, tags customizadas e padrões de desenvolvimento como MVC e DAO; A desenvolver utilizando frameworks como JavaServer Faces, Spring e Hibernate; A criar projetos EJB 3 utilizando a Java Persistence API (JPA); A gerar e consumir Web Services através do NetBeans; A utilizar o Visual Web JSF (antigo Visual Web Pack) com acesso a dados; A integrar o Visual Web JSF com Spring e Hibernate; A trabalhar com AJAX através de plugins integrados ao NetBeans; Como desenvolver aplicações utilizando Rails 2.0.2 com Ruby ou JRuby;

De brinde, no CD-ROM, 200 páginas a mais contendo seis capítulos extras incluindo Struts, MySQL, criação de relatórios com o plugin iReport for NetBeans e dois estudos de caso completo, utilizando o Visual Web JSF com SQL, Spring, Hibernate e JPA (abordando relacionamentos One-To-Many, Many-To-One, Many-To-Many, cache de segundo nível etc).

À venda nas melhores livrarias.

Desenvolvendo Aplicações WEB com NetBeans IDE 6

Autor: EDSON GONÇALVES
608 páginas
1ª edição - 2008
Formato: 16 x 23
ISBN: 9788573936742

Nesta obra, com uma abordagem ilustrada através de exemplos, incluindo estudos de caso, o leitor aprenderá: Como instalar o NetBeans IDE, configurar e utilizar servidores de aplicações Web; A criar páginas dinâmicas utilizando JSP, Servlets, JSTL, tags customizadas e padrões de desenvolvimento como MVC e DAO; A desenvolver utilizando frameworks como JavaServer Faces, Spring e Hibernate; A criar projetos EJB 3 utilizando a Java Persistence API (JPA); A gerar e consumir Web Services através do NetBeans; A utilizar o Visual Web JSF (antigo Visual Web Pack) com acesso a dados; A integrar o Visual Web JSF com Spring e Hibernate; A trabalhar com AJAX através de plugins integrados ao NetBeans; Como desenvolver aplicações utilizando Rails 2.0.2 com Ruby ou JRuby; De brinde, no CD-ROM, 200 páginas a mais contendo seis capítulos extras incluindo Struts, MySQL, criação de relatórios com o plugin iReport for NetBeans e dois estudos de caso completo, utilizando o Visual Web JSF com SQL, Spring, Hibernate e JPA (abordando relacionamentos One-To-Many, Many-To-One, Many-To-Many, cache de segundo nível etc).

À venda nas melhores livrarias.

Impressão e acabamento
Gráfica da Editora Ciência Moderna Ltda.
Tel: (21) 2201-6662